技术创新方法

杨 阳 焦洪磊 主编

燕山大学出版社

·秦皇岛·

图书在版编目（CIP）数据

技术创新方法 / 杨阳，焦洪磊主编. —秦皇岛：燕山大学出版社，2022.12
ISBN 978-7-5761-0384-7

Ⅰ．①技… Ⅱ．①杨… ②焦… Ⅲ．①创造学 Ⅳ．①G305

中国版本图书馆 CIP 数据核字（2022）第 167629 号

技术创新方法

杨　阳 焦洪磊 主编

出 版 人：陈　玉			
责任编辑：刘馨泽		策划编辑：刘馨泽	
责任印制：吴　波		封面设计：刘馨泽	
出版发行：燕山大学出版社 YANSHAN UNIVERSITY PRESS		电　　话：0335-8387555	
地　　址：河北省秦皇岛市河北大街西段 438 号		邮政编码：066004	
印　　刷：英格拉姆印刷(固安)有限公司		经　　销：全国新华书店	

开　　本：185mm×260mm　1/16		印　　张：15.75	插　　页：2
版　　次：2022 年 12 月第 1 版		印　　次：2022 年 12 月第 1 次印刷	
书　　号：ISBN 978-7-5761-0384-7		字　　数：290 千字	
定　　价：62.00 元			

目　　录

第 1 章　绪　　论

1.1 创新

当今世界，新一轮科技革命和产业变革加速演进，人工智能、大数据、物联网等新技术、新应用、新业态方兴未艾。高科技成果向现实生产力的转化越来越快，人类的经济社会生活发生着新的巨大变化。世界经济一体化进程不断加快，国与国之间的竞争更趋激烈，各国都在抓紧制定面向未来的发展战略，争先抢占科技、产业和经济的制高点。创新，在其中发挥着至关重要的作用。

1.1.1 创新的含义

"创新"一词在我国出现很早，如《魏书》有"革弊创新"，《周书》有"创新改旧"，其中创新都有创造或开始新事物的含义。在英语中，创新（innovation）一词起源于拉丁语，它有三层含义：一是指全新的变化；二是实验变异；三是在已建立的秩序中引入新事物（a novel change，experimental variation，new thing introduced in an established arrangement）。这三层含义与工程设计领域创新的三个层次相对应，即突破性创新（radical innovation）、渐进性创新（incremental innovation）和集成创新（integrated innovation）。

"创新"是目前普遍使用的词汇，但它并没有一个统一的定义。百度百科把创新定义为："以现有的思维模式提出有别于常规或常人思路的见解为导向，利用现有的知识和物质，在特定的环境中，本着理想化需要或为满足社会需求，而改进或创造新的事物、方法、元素、路径、环境，并能获得一定有益效果的行为。"在商品经济社会，创新既是一种目的，又是一种结果，还是一种过程。"新"既是目的，也是结果，这里的"新"是指知识产权意义上的新，即在结构、功能、原理、性质、方法、过程等方面第一次的、显著的变化；"创"表明了"新"实现的困难，即需要经过一个开拓性的过程。

在西方，创新理论的起源可追溯到1912年美籍经济学家约瑟夫·熊彼特（Joseph Alois Schumpeter，1883—1950）的《经济发展理论》。该著作中提出："创新是以新的方式展开的生产活动，以获得更好的经济产出。"即把一种从来没有过的、关于生产要素和生产条件的新组合引入生产体系。可以从五个方面进行组合：（1）引入新产品或使一种产品具有新质量，也即产品创新；（2）采用一种新的生产方式，即方法创新或工艺创新；（3）开辟一个新的市场，即市场创新；（4）获得一种原料或半成品的新的供给来源，即生产要素创新；（5）实现新的组织形式，即组织创新或制度创新。现代管理学之父彼得·德鲁克（Peter F. Drucker，1909—2005）认为，创新就是赋予资源以新的创造财富的能力的行为。其在对日本创新活动研究后指出，创新不只是技术创新，也必然涉及经济、社会等方面的创新。

目前的创新概念范围更广，如科技创新、理论创新、制度创新、管理创新、社会创新、商业模式创新、业态创新、文化创新、教育创新等。我们一般将创新行为分为知识创新、技术创新、制度创新和管理创新四大类。

1.1.2 创造、发明与创新的关系

在产品创新领域，与创新有关的两个基本概念为创造（creation）与发明（invention），德鲁克关于创新的论断实际上也揭示了创造、发明与创新的关系。图1-1表达了三者间的关系。

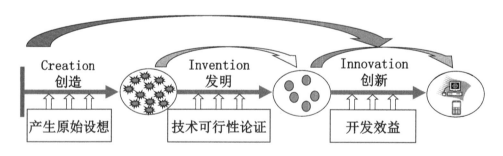

图 1-1　创造、发明与创新的关系

创造是原始设想的一种表达，是人们利用已知信息生产出某种独特、新颖、具有社会价值的成果的过程，其成果包括新概念、新设想、新理论、新产品、新技术或新工艺等。创造过程具有结构化或非结构化的自然属性。

发明是原始设想得到某种技术可行性证明的结果，证明的方法如计算、仿真、建立物理模型进行试验等，即发明是产生某种有用结果的技术设想或技术创意。发

明阶段的结果可以通过申请专利或某种知识产权加以保护。

商品化开发是企业通过生产产品从市场获得收益的过程。《第五项修炼》一书的作者彼得·圣吉说:"当一个新的构想在实验室被证实可行的时候,工程师称之为'发明'(invention),而只有当它能够以适当的规模和切合实际的成本,稳定地加以重复生产的时候,这个构想才成为一项'创新'(innovation)。"

产生设想只是创新的必要开端,发明是设想的技术实现,真正让人们从创新成果中获益的是商品化后的产品。例如:CT(X 射线断层扫描仪)是由 EMI 公司的工程师豪斯菲尔德(G. N. Housfield)发明的,但是真正把它变成服务社会的机器的是通用电气公司;家用吸尘器是由斯潘格勒(James Spangler)发明的,而被胡佛(William Hoover)成功商业化;卡式录像机是索尼公司发明的,但真正商品化是在松下公司。

1.1.3 产品创新过程模型

德鲁克对创新的论断实际上指的就是产品创新,该论断首先揭示了产品创新经济性的内涵,其次也揭示了产品创新的过程。

产品创新包含模糊前端(fuzzy front end,FFE)、新产品开发(new product development,NPD)、商品化(commercialization)三个阶段,如图 1-2 所示。模糊前端阶段要根据市场机遇产生多个设想,并根据企业能力,通过评价确定若干个设想,针对这些设想启动新产品开发项目。新产品开发包括产品设计与制造,该阶段通过概念设计、技术设计、详细设计、工艺设计及制造,将前一阶段的设想转变成产品,并输出到商品化阶段。经过市场运作,在商品化阶段将产品转变成企业效益,从而完成产品创新的全过程。

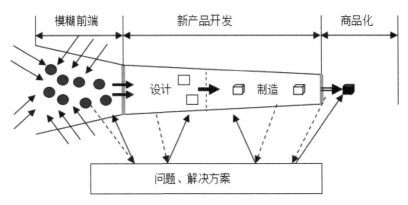

图 1-2 产品创新过程模型

在产品创新过程中，技术创新主要体现在模糊前端与新产品开发阶段，本书主要针对产品创新过程前两个阶段涉及的技术创新的问题进行阐述。对于企业而言，技术创新包括产品创新和工艺创新，两类创新都是最终缩短或消除客户需求与产品现状之间距离的过程。

1.1.4 创新的重要性

创新已经成为新时代的最强音，创新不仅关系着个人、企业的生存与发展，也是一个民族进步的灵魂和一个国家兴旺发达的不竭动力，它甚至与人类的生存息息相关。

1. 创新能力决定个人的发展前途

对个人而言，创新能力将决定其发展空间，古今中外，大凡在事业上有所建树、有所作为的人，都是创新能力很强的人。创新思维决定了一个人的勇气、胆识和谋略水平，准确了解、把握自己的创新能力，将有助于提高个人的发展定位和目标。

2. 创新是企业生存与发展的基石

对企业而言，创新是生存与发展的根本。在过去的 10 年间，颠覆和变革已成了新常态，企业只有拥有持续创造新价值的能力，才能在复杂的商业环境中屹立不倒。技术创新是企业创新活动的核心，是提高企业核心竞争力的基础；管理创新是运用企业资源进行有效增值的活动，管理上的创新可以提高企业的经济效益，降低生产成本；营销创新是提升企业自身价值、获得并维持竞争优势的有效途径。唯有不断创新，企业才能在市场竞争中占据主动，立于不败之地。

3. 创新是国家民族兴旺发达的关键

3000 多年前，商汤王就喊出了的创新之音："苟日新，日日新，又日新。"在绵延数千年的历史长河中，中华民族创造了光辉灿烂的文化，为人类的文明进步和发展作出了不可磨灭的贡献。根据李约瑟（Joseph Terence Montgomery Needham，1900—1995）的描述，从公元前 4000 年到明代末年，世界科技史 100 项重大发明的前 27 项中，有 18 项是中国人发明的。活字印刷、指南针、造纸术和火药这四大发明，更是在世界文明史上写下了辉煌的篇章，而其他众多的发明，也在同时期名列世界前茅。美国耶鲁大学教授保罗·肯尼迪（Paul Kennedy）在其著作《大国的兴衰》中提道：1830 年，中国工业总产值是英国的 3 倍；1789 年，中国人口占世界人口的 1/6，而工业总产值占世界的 1/3。近代以来，由于闭关锁国的政策和僵化的封建体制对人民创造力的束缚，我们没有及时融入波澜壮阔的技术革命中。五四运动的爆发标志着中华民族的再次觉醒，"科学"与"民主"的大旗首次出现在中华大地。特别是中华人民共和国成立以来，在全民族的努力之下，科学技术事业得到了长足发展，我国终于在科学技术领域重新占有一席之地。

纵观世界上被公认的创新型国家，如美国、日本、芬兰、韩国等，这些国家的共同特征是：创新综合指数明显高于其他国家，科技进步贡献率在 70% 以上，研发投入占 GDP 的比例一般在 2% 以上，对外技术依存度指标一般在 30% 以下。此外，这些国家所获得的三方专利（美国、欧洲和日本授权的专利）数占总数量的绝大多数。可见，创新是国家兴旺发达的根本路径。

4. 创新是人类文明延续发展的内涵要求

工业革命以来，社会生产力急剧提高，在各种科技政策和社会制度的激励下，人类的创造潜力得到释放，各种发明创造层出不穷，交通工具与信息技术的发展让整个地球成为"小小的村落"，这一切都是人类创新的结果。但与此同时，人类的过度开发也带来了新的问题：地球承载的几十亿人口，无时无刻不在对有限资源进行消耗，其结果是臭氧层被破坏、全球变暖、江河断流、土地沙化、环境污染、疾病丛生、物种灭绝。相对膨胀的人口使日益减少的资源更趋紧张，地球上的 29% 的陆地还能否养活全人类？人类的生存与发展遇到了严峻的挑战！想要解决我们面临的新难题，仍然需要创新。

创新的根基是人才，创新驱动实质上是人才驱动，谁拥有一流的创新人才，谁就拥有科技创新的优势和主导权。因此，当代大学生应责无旁贷地担当起创新发展的历史使命，为实现中华民族伟大复兴的中国梦而努力把自己培养成为堪当大任、能做大事的优秀人才。当代大学生要想成为创新人才，就应当积极提升自身的创新能力，即创造力。

1.2 创造力

1.2.1 创造力的构成

创造力是指某个人或某个群体在环境支持下，运用已知的信息，发现新问题，并寻求问题答案，产生出某种新颖而独特、有社会价值或个人价值的物质或精神产品的能力，也可以通俗地解释为发现和解决新问题、提出新设想、创造新事物的能力。

在一个群体中，每个个体创造力的耦合即形成群体的创造力。由于启发性和竞争性的作用，一般说来，群体的创造力应当大于个体创造力，国家创造力应当是群体创造力的一种表现。

创造力表现为一系列连续、复杂、高水平的心理和智力活动，是人的体力、智力以及创造性思维最高水平运行的结果。因此，一个人是否具有创造力，是划分创新人才的重要标志。

创造力的构成因素有哪些，或者说具备创造力的人才应当具备哪些素质？美国创造心理学家格林提出，创新能力由10个要素组成，它们是知识、自学能力、好奇心、观察力、记忆力、客观性、怀疑态度、专心致志、恒心和毅力。日本创造学家进藤隆夫等人提出，创造力是由活力、扩力、结力和个性四个要素构成的。其中，活力是指精力、魄力、冲动性、热情等；扩力是指发展行为、思考、探索性、冒险等因素的共同效应；结力包括联想力、组合力、设计力等。

有的学者把形成创造力的因素分为三类：知识因素、智力因素和非智力因素。也有人认为创新者要具有知识、智力、技能、品德、胆魄、毅力六项基本素质，其中前三项素质属于才智因素，后三项素质属于非才智因素。还有学者提出创新能力包括智力因素和非智力因素，智力因素包括知觉能力，也就是观察力、记忆力、想象力、直觉力、逻辑思维能力、辩证思维力、选择力、操作力、表达力等；非智力因素包括创造欲、求知欲、好奇心、挑战性、进取心、自信心、意志力等。

通过对各类创造力模型和因素进行分解研读与归纳，笔者认为，创造力主要由三大类因素构成：首先是创新意识与素质类因素，其次是基础知识与经验因素，最后是方法和工具因素。

创新意识与素质类因素主要包括两方面的内容：一方面是创新意识，包括好奇心、求知欲、创造欲、主动性等；另一方面是创新素质，包括人格因素、自信心和意志力等。其中创新意识改进空间较大，可以通过培训和机制来激发，创新素质则与人的自然属性联系紧密，改善较为困难。

基础知识与经验因素比较容易理解，基础知识包括知识数量与知识结构，现代社会对于知识的要求呈现"T"形分布，既要有一定的广度，又要在自己的专业技术领域有足够的深度；经验是人类在长期的学习和实践中形成的某种知识提取、知识应用和评判程序的模式，经验因素对创新来说同时具有正面和负面的影响，足够的经验可以提升个体解决问题的能力，同时也往往会束缚个体的行为领域。

方法和工具因素主要是个体对于知识灵活应用的能力，特别是对于非个体和跨领域知识的学习与应用能力，同时也包括思维能力和思维方式的特征，方法和工具因素往往可以在前两个因素的基础上对创新能力起到倍增的作用。

1.2.2 创造力的障碍

通过分析发现，影响人们创造力的并不是知识与经验的缺乏，而主要是创新意识类与方法类因素。对应创造力的构成因素，可将创造力的障碍也分为三个方面。

1. 创新意识缺乏

创新意识缺乏，主要表现为缺乏开拓精神和求知欲，究其原因，求稳心态和麻木心理占据主导地位。

求稳心态是指人们追求稳定，安于现状，主体内心深处不愿或不敢冒险。因为人们具有求稳的心态，所以缺乏创新的动力。

习以为常是人的思维本能，导致很多人会失去对事物的好奇心，从而不自觉地进入一种近乎麻木的状态。没有好奇心，也就失去了滋养创新的土壤，导致很多创新不会发生。要知道，世界总在发生变化，问题总是层出不穷，世界上永远不缺少问题，而是缺少发现问题的眼睛。所有的问题都可能是创新的机会，保持好奇心是对抗麻木心理的有效措施。

2. 知识运用僵化

知识运用僵化的主要表现是高度依赖标准答案。我们总习惯于寻找标准答案，而且潜意识里也认为，凡事都应有标准答案。标准答案意识，局限了我们的想象，妨碍了我们创造力的发挥，也极大干扰了我们对事物动态性的认知。标准答案思维，其实是迷信权威的表现。往往事情有多种可能，答案不止一个，也没有绝对的标准。

3. 缺乏打破惯性思维的工具

人的常规认知大多数是基于经验的累积，这就容易产生惯性思维，又叫思维定式，也就是我们形成的习惯。习惯有助于日常生活和工作，可以帮助我们解决90%以上的问题。但过于依赖习惯，就会有碍思维的改变，有碍困难问题和非常规问题的解决。具有创新意识和思维的人在遇到问题时会进一步思考，除习惯的解决方法外，对于此问题，还可以怎样解决？还能够有多少种方法呢？会进行分析：对于该问题，可以怎样解决，还可以有多少种不同的方法？如何重新思考这种问题？

1.2.3 创造力的培养

根据对创造力的讨论，我们可以得出创造力的公式：

创造力＝（创新意识＋知识经验储备）× 创新方法与工具 / 创造力障碍

可见，对创造力的培养，需要唤醒创新意识，加强知识储备，扫除创造力障碍，更重要的是强化对创新方法与工具的掌握。

创新理论和实践证明，创新是人人都具有的一种潜在的能力，关键在于这些潜能能否被有效激发，并被强化形成持久的创造力。实践证明：通过有意识地学习和训练，人的创造力可以有效地被激发，并在创造的实践中使创造力逐步巩固和提高。

培养创造力需要注意以下几点：

（1）持有开放的心态和质疑的精神，唤醒创新意识，坚定创新意志。

（2）激发强烈的求知欲和好奇心，培养敏锐的观察力和丰富的想象力，善于发现和解决新问题。

（3）摆脱固有的思维模式，重视思维的流畅性、变通性和独创性，灵活运用求异思维和求同思维。

（4）熟练掌握创新方法，灵活应用创新辅助工具。

1.2.4 创新方法及其作用

科技发展史表明，每一次重大的科技进步与变革，都伴随着思维、方法、工具的创新与应用。

1. 创新方法

创新方法是科学思维、科学方法和科学工具的总称，既是科技创新的手段，又是科技创新的主要内容。创新方法的支持与辅助，可以大大提升创新者的创造力，有效提升创新的效率，提高创新成功率，降低创新风险，发挥创新的实际效能。

2. 高校的创新教育

创新教育主要进行的是创新方法的讲授。高校作为科技创新的重要策源地，是建设创新型国家的重要力量，是培养创新人才的主要阵地，同时还肩负着输送人才和营造创新社会氛围的重任。高校学术氛围活跃，学科门类齐全，蕴藏着巨大的人力资源潜力，能够有效地将创新方法研究纳入已有科研、教学体系。国家大力推进创新方法的研究、应用与普及，也为高校发挥自身优势开展创新方法教育营造了良好的氛围。

随着高等教育改革的不断深入，我国部分高校开始积极探索创新方法的推广与普及工作，在师资培训、人才培养、平台构建、科学研究以及创新服务等方面开设了一系列试点，为高校创新方法教育积累了一定的经验。

开设创新方法相关课程，能够向学生提供系统的创新理论和科学的思维方法，对开阔学生的视野、提高学生的创新能力大有益处。让学生学习运用创新理论，掌握创新方法，可激发他们的创新意识，使其灵活运用知识，突破思维定式，从多个维度、多个角度思考和解决问题，从而有效提高其创造力。

1.3 问题及其解决原理

创新产品开发是一个复杂的过程，需要不断地解决各阶段出现的问题：在模糊前端，主要是如何产生创新设想及如何选择创新设想的问题；在产品开发阶段，主要是如何把选定的创新设想变成真实产品的问题。在创新产品开发的各个阶段问题各不相同，创造力也以不同的具体"面目"体现在解决问题的不同过程之中。

1.3.1 问题的定义

佐藤允一在其著作《问题解决术》中认为："问题就是目标与现状的差距，是必须要解决的事情。"简而言之，问题就是"期望状态"与"当前状态"相比较所存在的距离。如图 1-3 所示，当前状态与期望状态之间存在距离 L，L 即为问题。该定义体现了问题动态发展的特性，适用于任何类型的问题。

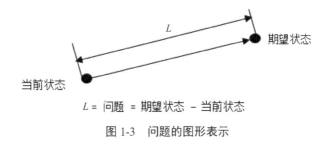

$$L = 问题 = 期望状态 - 当前状态$$

图 1-3　问题的图形表示

1.3.2 问题的分类

人们在生活中会遇到形形色色的问题，不同的分类标准可以得出不同的问题类型。

1. 原因导向型问题与目标导向型问题

佐藤允一在 1984 年根据问题产生的来源将问题划分为三类。

一是发生型问题。发生型问题是指已经发生或能够预先确定必然发生的问题，即已经明确了"期望状态"与"当前状态"之间的距离的问题。从设计角度而言，发生型问题是指设计方案实施的结果没有达到设计目标或产生异常。该类问题又可以分为未达问题和逃逸问题，前者是指期望的目标没有达到；后者是指随着时间的推移，系统状态逐渐偏离期望状态。解决该类问题的关键在于确定产生问题的根本原因。

二是探索型问题。探索型问题是指虽然目前未发生，但若提高目标值或水平则会发生的问题。该类问题可以理解为"当前状态"明确，并且满足当前要求，"期望状态"是根据当前状态主观创造的高于现有水平的状态。从设计角度而言，探索型问题是在设计方案实施结果已达到原定设计目标后，出于改善缺点、加强优点的目的，人为提高设计目标导致的问题。

三是假设型问题。假设型问题也是目前未发生的问题，它是由于设定了至今所没有的、全新的目标而引起的问题。该类问题可以理解为由于"当前状态"与预计的"期望状态"距离太大，导致"当前状态"与"期望状态"关系模糊，"当前状态"对解决问题的可借鉴程度可忽略不计，即该类问题是"当前状态"与"期望状态"都不明确的问题。从设计角度而言，假设型问题是出于产品或工艺开发，或防范未来未知风险的目的，人为设定的问题，由于存在较大不确定性，现有设计方案很难作为研究起点。

按照问题解决的关键点，以上三类问题又可以归结为两类，如图1-4所示。

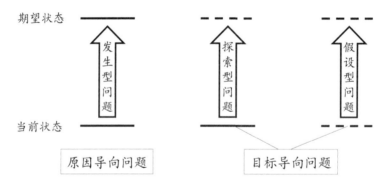

图 1-4　原因导向型问题和目标导向型问题

（1）原因导向型问题。原因导向型问题是指"期望状态"与"当前状态"都明确，以确定问题发生的原因为关键点的问题。发生型问题就是原因导向型问题，其解决的关键就是要通过问"为什么"找到问题产生的根本原因，从问题发生的点入手，消除问题发生的条件，使问题得以解决。

（2）目标导向型问题。目标导向型问题是指对"期望状态"进行设计后产生的问题。探索型问题和假设型问题都属于目标导向型问题，如何创造性地达到"期望状态"本身就是一个困难问题。一般通过构建"如何改善（加强）""如果……则……"提出改善点或创意，然后形成问题。

创新就是要解决以上两类问题，即在因果分析基础上解决原因导向型问题；通过技术和市场预测，解决预测未来产品的问题，实现目标导向型问题的解决。

2. 通常问题与发明问题

按照解决问题的困难程度将工程问题分为两类：通常问题与发明问题。解决通常问题一般不具有创新性，创新设计是为了解决发明问题。

（1）通常问题。通常问题是指所有解决问题的关键步骤及用到的知识均为已知的，解决该类问题只需要按照传统经验和做法，按部就班地完成即可。

（2）发明问题。发明问题是指在问题的解决过程中，至少有一个关键步骤是未知的。所谓关键步骤是指如果缺少此步骤，则问题不能得到解决。也就是说，应用常规经验和做法无法解决，或者会导致冲突发生的问题就是发明问题。

当一个问题明确之后，判断它是发明问题还是通常问题，要根据问题解决的方式和解决的程度来判断：如果设计者应用已有知识、按照通常的经验和做法对系统进行设计或修改，能够达到期望目标并且在现有的约束条件下不产生其他次生问题，则该问题就是一个通常问题；反之，如果按照通常的经验和做法无法达到期望的目标，或者产生了次生问题则该问题将是一个发明问题。

1.3.3 解决问题的一般原理和流程

1. 解决问题的一般流程

从问题的定义看，解决问题本质上就是使系统的当前状态变成期望状态的过程。如图 1-5 所示，解决问题过程一般包括问题发现、初始问题定义、问题分析（最终问题定义）、问题解答四个步骤。

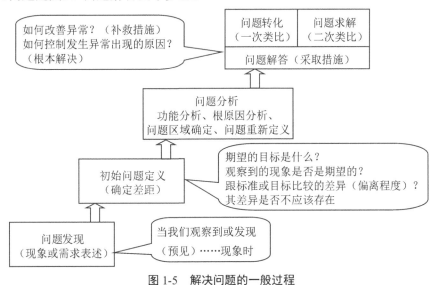

图 1-5　解决问题的一般过程

（1）问题发现。在设计的不同阶段面临的问题是不同的，在设计开始阶段，问题主要来自两方面：一是用户需求，即通过市场调研和用户反馈得到的关于某种产品的具体特性要求或对现有产品不满意的指标；二是设计者或企业领导者产生了某种设想，需要通过设计来实现，从问题的定义的角度而言，也就是明确了设计对象期望的状态。

（2）初始问题定义。问题定义是明确当前状态与期望状态的差距。因为设计对象往往是一个系统，初始问题反馈的信息往往是针对整个系统的，但是真正引起问题的原因可能只是系统中的某个子系统，因此该步骤主要是在系统层次上定义问题。

（3）问题分析。问题分析是为了确定问题产生的原因，是在系统分解的基础上，缩小问题涉及的区域，最终确定导致系统问题发生的子系统，重新在子系统层次上定义问题。

（4）问题解答。按照前述问题解决的原理，通过两次类比实现问题转化和具体问题的求解。

2. 问题解答的一般原理

人们解答问题常常是基于知识和经验，问题的解不是凭空产生的，而是自觉或不自觉地应用了类比原理和过程。应用类比原理和过程的本质，是在某种场景下发现了需解决的问题与某个类比物之间的相似性，进而从类比物中找到问题的答案。

如图 1-6 所示，问题解答的一般过程有四个步骤，要进行两次类比。

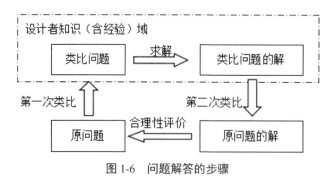

图 1-6　问题解答的步骤

（1）第一步是根据个人或团队的知识和经验与所定义的问题进行类比，把问题放在个人或团队知识域中分析。比如面对一个传动系统需要调速的问题，机械工程师和电气工程师会分别想到各自领域中常见的调速问题。如果问题比较复杂，会首先对问题进行分解，然后再对分解后的分问题进行类比分析。

（2）第二步是应用设计者熟悉的领域知识（经验）去求解类比问题。这一步往往是比较容易实现的，因为领域问题往往是设计者比较熟悉的，一般属于通常问题。例如：有关调速问题，机械工程师一般都会想到齿轮系的调速原理，而电气工程师一般都会想到电动机调频调速的原理。

（3）第三步是根据类比问题的解的原理进行第二次类比求得原问题的解。比如采用齿轮系调速原理完成原问题的调速设计，最直接的方式是寻找一个参数相近（类比原则）的已有变速器设计，根据实际要求，做变型设计。

（4）第四步是把得到的解按照原问题的约束进行评价，比如上述变速问题，如果有空间、重量等方面的约束，可以用来评价得到的解是否合理。

1.3.4 解决问题过程中存在的困难

如上所述，解决问题包括问题发现、初始问题定义、问题分析、问题解答四个步骤，其中问题解答这一步需要通过两次类比才能够完成。任何一个环节的任务的失败都会导致失败。

1. 问题发现阶段存在的困难

（1）对于发生型问题中的未达问题，因问题表象比较清楚，所以容易被发现。但是对于偏离问题，往往需要预测偏离发生的时间和偏离的程度，在复杂系统中，这种预测往往是比较困难的。目前计算机技术的发展，尤其是大型工程软件和虚拟现实技术，为我们发现问题提供了必要工具和条件。

（2）对于探索型问题，如何确定需要加强的优点和需要改善的缺点本身就是一个比较困难的问题，往往需要敏锐的市场观察力和预测能力。目前针对该问题产生了很多市场调查的方法和途径，十分方便、便捷，尤其是网络调查和大数据技术的应用，使得从客户处获得期望要求变得相对容易。

（3）对于假设型问题，预测未来产品应该具有什么样的特征和性能是十分困难的，因为假设问题不是基于当前市场进行预测，所以相对于探索型问题而言，难度更大。

2. 初始问题定义阶段存在的困难

初始问题定义阶段的主要任务是根据发现的问题表象，正确确定问题的目标。该阶段存在的困难是目标不明确，不同利益相关者所确定的目标有可能是相互冲突的。以翻越护栏的问题为例（见图 1-7），该问题可以有以下几个定义：

图 1-7　翻越护栏的问题

（1）对交通管理者而言，是如何阻止人们翻越护栏的问题。

（3）对行人而言，该问题又成为如何改善非开放交通路口的交通问题。

（3）对驾驶人而言，是在这种情况下如何避免发生交通事故的问题。

（4）对媒体而言，可能是如何提高公民遵纪守法观念的问题，也可能是隔离护栏设置是否合理的问题，还可能是如何提高附近居民出行方便性的问题。

3. 问题分析阶段存在的困难

问题分析阶段的主要困难，是如何确定系统中与问题相关的关键环节和参数的问题。对已有系统进行改进或利用时，以系统最小的改变达到解决系统问题的目的是最理想的。但是如何确定改变的对象和关键参数，往往是比较困难的。

对于产品改进问题，问题分析阶段的关键是确定问题产生的根本原因。导致问题发生的原因可能有很多，并且各因素之间也有比较复杂的关系，如何从众多的因素中找到最根本性的因素是该阶段存在的最大困难。

4. 问题解答阶段存在的困难

按照问题解决的原理，需要把问题类比成个人熟悉的领域的问题，然后根据个人的知识和经验提出解决方案。在此过程中存在两大障碍：有限的知识域和思维定式。

（1）有限的知识域。随着科学技术的发展，出现了不同的学科；同时社会分工不断细化，行业划分也越来越细。在当今社会，任何人不可能掌握所有学科和行业的知识，这就导致仅凭个人经验，很难得到跨学科或跨领域的解。如对于某个看似机械领域的问题，有可能其最优解并不在机械领域，而是在化学领域，那么，仅凭着机械领域的知识，单靠个人的力量是永远得不到最优解的。

本书的核心理论——发明问题解决理论（TRIZ）提供了基于不同学科和领域知识的工具和知识库，可以解决个人在创新过程中，知识域有限的问题。

（2）思维定式。每个人在成长过程中，随着知识和见识的增长，都会形成一定的情感、经验、知识和信念，这些已形成的知识、经验等，会使人们形成固定的认知倾向，即思维定式，从而影响后来的分析、判断。思维定式是束缚创造性思维的枷锁。

为了扫除有限的知识域和思维定式这两个障碍，出现了以个人或群体思维引导为手段的创新思维方法，以及以一定的流程和组织方式实施这些创新思维方法的创新技法。TRIZ 通过系统化的创新方法，辅以思维工具，可以突破思维定式，提升学习者的创造力。

第 2 章 TRIZ 概述

在孟德尔（Gregor Johann Mendel，1822—1884）之前，有个叫诺丁（Charles Naudin，1815—1899）的生物学家已经开展了 5 年的生物遗传研究。在 5 年中，他做了 1 万多次杂交实验，涉及 700 个品种，获得了 350 个新的杂交植物。而且，诺丁的实验方式和流程与后来孟德尔的非常类似，很多实验结果也是相同的。但可惜的是，诺丁虽然付出了极大的努力，却没有发现遗传定律，也没有提出创新性的见解。孟德尔也独立完成了生物遗传实验，虽然他实验的次数要低于诺丁，但他善于总结，并成功地归纳出流传千古的遗传定律，成为一代大家。诺丁虽然勤奋，但没有采用有效的方法进行归纳总结，效率低下；而孟德尔则是一个善于利用方法和工具的人，研究工作自然事半功倍。

截至目前，人类已总结出很多促进创新的方法，这些方法对提升创新效率起到了重要的作用。我们如果能够学习和应用这些方法，一定能够大大提高我们创新的效率。

2.1 创新方法的起源与发展

如果我们了解事物的发展规律，日积月累，就能够总结归纳出应对的方法。人类在漫长的进化、发展进程中，对自然规律进行了长期的观察，逐步掌握了大量社会和自然的规律。人类的每一次重大进步，无不是对客观规律、知识和经验的创造性应用。在漫长的人类文明史中，创新始终都是科技进步和经济社会发展的不竭动力。按照唯物辩证法的观点，规律是事物运动过程中固有的、本质的、必然的、稳定的联系。规律是客观的，它既不能被创造，也不能被消灭。那么创新活动作为一种实践活动，也必然会遵循基本的创新规律，我们如果能够掌握这些规律，并对这些规律加以总结，一定会形成促进创新的方法。

事实上，很多专家也一直在针对创新活动进行研究，探索创新活动在不同阶段的规律，已取得了丰富的研究成果。古希腊著名的哲学家亚里士多德提出了历史上第一个逻辑方法——归纳演绎方法。后人利用这种方法，对实验结果进行归纳，或者把综合的和复杂的问题分解成简单的要素与若干部分进行研究，取得了非常好的效果。孟德尔正是利用这种方法，基于实验结果总结出遗传定律，解释了生物遗传的秘密。

方法是对客观规律的把握与反应，是科学的外在表现。人类通过劳动与实践，认识到客观的科学规律，对规律的利用形成了方法，应用方法可以提升效率，减少不必要的资源损失。人们从更高层次上逐渐归纳创新的规律，在此基础上形成了创新方法。

自从熊彼特提出技术创新概念以来，创新因其重大意义引起越来越多学者的关注，人们对创新的研究逐渐系统化，现代创新方法也是在对创新规律的研究中总结出来的。虽然目前国内外并没有关于现代创新方法的统一概念，但是创新方法一般具有如下特征：

（1）与人类的创新活动或创新行为直接相关。创新方法作为辅助工具，依托于科研、开发、生产、推广、调查等创新活动，方法的应用必须能够有效提升创新的效率，或者提升创新成功的概率，或者降低创新风险。

（2）应当有比较规范的流程，有科学的内在机理。创新方法应当具备可操作性，应用情境与应用流程应当清晰，能够用相应的理论来解释创新方法的作用。例如，方法对思维强度的作用，方法对搜寻域与搜寻速率的影响机制，等等。

（3）有较强的普适性，可以在不同的行业中应用。创新方法必须有足够的普适性，能够通过培训、引导，在不同的行业和企业中应用，并且能产生可监测到的效果。

（4）有明确的创立者和相应的研究者。创新方法应当有明确的提出者，其提出者可以是个体，也可以是组织。应当在相当大的范围内得到认可，且有一定数量的研究者继续研究并实践。

（5）有较多的成功应用案例。不管哪一种创新方法，都应该有足够的成功应用案例，否则很难得到认可。

另外，创新科学原理是所有创新方法发挥作用的基础，创新方法之所以能够发挥重要作用，是其内在机理作用的结果，也是方法与创新活动间的科学联系，创新方法的内在科学机理包括以下四个方面。

（1）创新方法能够提升创新主体的思维强度。研究表明，人类的思维活动是受心理因素、生理因素影响的，如个体思维在受到启发、目标即将达到或者处于竞争性气氛中的时候，会获得一个非常强烈的激励信号，思维强度也会得到一个跃升。比如头脑风暴法就是把个体置于一个竞争性氛围中，提升个体的思维强度，从而使个体能够快速产生各种新奇的创意。

（2）创新方法能够明确创新目的。很多情况下，难题无法得到解决是因为对问题的根源不清楚，无法确定解决方案所在的领域。在此情况下，盲目试错会浪费很多资源、时间。一些创新方法有详细、科学的问题解析流程，可以搞清楚问题的根本原因，并对解决方案所在方向和领域作出科学的判断，从而提升找到解决方案的效率。典型的方法如"5-why""5W2H"、功能搜寻、TRIZ 中的 IFR（ideal final result，最终理想解）等，它们都将重点放在问题解析与解决方案搜寻方面。

（3）创新方法能够扩展搜寻域。进入 21 世纪后，知识工程在辅助创新活动方面发挥了很大的作用，大数据、云计算、人工智能等都得到了长足的发展。这些工具使得人们可以从自己的经验和领域中跳出来，从其他领域和越来越大的知识库中寻找答案，极大地扩展了搜寻域。

（4）创新方法能够提升搜寻方案的效率。除了以上原理外，更多的创新方法在提升搜寻方案的效率方面进行了深入的开发。这些创新方法能够避免创新者掉入"思维""设计""研发"的陷阱，用更加科学、系统、逻辑的方法来指导人类的创新活动，可以缩短搜索路径，节约搜寻时间。例如 TRIZ，就是一个非常科学的逻辑性创新方法。

2.2 TRIZ 的起源与发展

TRIZ 的拉丁文为 Teoriya Resheniya Izobreatatelskikh Zadatch，简写形式为 TRIZ，其英文翻译为 Theory of Inventive Problem Solving，缩写为 TIPS。TRIZ 在中国通常被翻译为"萃智"或者"萃思"，也经常直接翻译为"发明问题求解理论"。该理论是由苏联发明家根里奇·阿奇舒勒（G. S. Altshuler，1926—1998）等，从 1946 年开始，在分析研究世界各国 250 万份专利的基础上，研究发明原理及其规律之后提出来的。

从 TRIZ 的提出至 20 世纪 80 年代中后期，TRIZ 仅封闭在苏联范围内。1985 年以后，一部分早期的 TRIZ 专家移居到欧美等国家，从而促进了 TRIZ 在全世界范围内的传播。1989 年，阿奇舒勒集合了当时世界上数十位 TRIZ 专家，在彼得罗扎沃茨克建立了国际 TRIZ 协会，阿奇舒勒担任首届主席。国际 TRIZ 协会从建立至今一直是 TRIZ 最权威的学术研究机构，目前它在全球 10 多个国家和地区拥有

30 余个成员组织，共拥有 TRIZ 专家数千名。

总体说来，TRIZ 的发展历史可以分为以下几个阶段。

（1）发育阶段。这个阶段从 1946 年阿奇舒勒开展专利分析工作开始，到 1980 年结束。在这个阶段，基本上是阿奇舒勒一个人在工作，其他人仅进行临时的协助。阿奇舒勒建立了 TRIZ 的基础理论，提出了 TRIZ 的一些基本概念，开发出了经典的 TRIZ 工具。1980 年，第一次 TRIZ 专家会议的召开，标志着这个阶段的结束。

（2）成熟阶段。1980 年，在彼得罗扎沃茨克召开的 TRIZ 专家会议，使得 TRIZ 迅速引起苏联相关专家学者的关注，很多人纷纷参与到 TRIZ 的学习、研究和实践工作中来，越来越多的人（主要是发明爱好者）成了阿奇舒勒的追随者，出现了第一批专职 TRIZ 研究人员，创办了很多 TRIZ 学校，这极大地促进了 TRIZ 的完善和成熟。人员和机构的加入，进一步方便了 TRIZ 的实践、验证和改进工作，TRIZ 首先在工业领域得到应用和验证，随后人们开始尝试将 TRIZ 应用到工程技术以外的领域。1989 年，阿奇舒勒成立了国际 TRIZ 协会并担任首届主席。

（3）扩散阶段。20 世纪 90 年代，随着苏联的解体，大量的 TRIZ 专家移民到了美国、欧洲和亚洲等国家和地区，创办了一系列的公司，典型的如 Invention Machine 等，这些公司提供研发咨询服务，开发相应的计算机辅助创新软件。从这个阶段开始，苏联以外的工程师才开始了解这个工具，宝洁、三星等成为最早学习、应用 TRIZ 的大型企业。

（4）应用阶段。进入 21 世纪以来，TRIZ 在一些大型企业中的应用逐渐取得预期的成果，起到了明显的示范效应，促使更多的世界知名大公司开始引入 TRIZ，并在内部推广，如通用电气、西门子、飞利浦、英特尔、浦项制铁等。2007 年以来，我国科学技术部、国家发展和改革委员会、教育部、中国科协共同推动创新方法相关工作，TRIZ 也在中国得到了深入的研究和应用，很多大型国有企业、民营企业开始引入 TRIZ，大大提升了创新能力。

2.3 TRIZ 的理论体系

2.3.1 TRIZ 的理论依据

阿奇舒勒通过对大量发明专利的研究，发现创新或者是发明创造是有规律可循的。在某一领域中被视为创新性问题而被提出的技术问题，往往在其他技术领域也有类似问题，且可能已得到解决，这些类似问题的解便具有借鉴意义。也就是说，不同领域的问题解决，采用的核心原理或关键技术可能是一样或者类似的。总结发现，创新的规律有如下三个具体表现。

（1）问题及其解在不同的行业、部门及不同的科学领域重复出现。

（2）技术系统进化模式在不同的行业、部门及不同的科学领域重复出现。

（3）发明经常应用其它领域中已存在的效应。

这些规律表明：多数创新或发明不是全新的，而是一些已有原理或结构在不同领域的新应用，这些应用解决了很多产品创新与过程创新中的难题，对创新设计具有指导意义。

2.3.2 TRIZ 的理论体系框架

图 2-1 为经典 TRIZ 的理论体系框架。随着 TRIZ 在实践中的应用，TRIZ 在不断的更新与发展，TRIZ 的研究者一方面在开发新的工具，另一方面也在不断地吸收借鉴其他领域的成果。作为初学者，有必要先学习 TRIZ 中经典工具的应用。

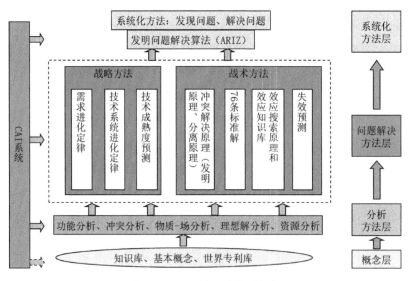

图 2-1　TRIZ 的理论体系框架

TRIZ 的理论体系可分为概念层、分析方法层、问题解决方法层和系统化方法层，随着信息技术的发展，TRIZ 的理论体系在总体上还得到计算机辅助创新系统的支持。

概念层是 TRIZ 各方法总的来源。TRIZ 主要通过世界知识库与专利库，总结得出各种分析与解决问题的方法。

分析方法层是各种问题分析工具的集合，这些工具用于问题模型的建立、分析和转换。常用的分析问题工具包括功能分析、冲突分析、物质–场分析、理想解分析、资源分析等多种，将在后续内容中进行介绍。

问题解决方法层是各种基于知识的工具，以解决对应分析转换得到的问题。根据创新问题的不同，可分为解决具体技术问题（原因导向型问题）的战术方法和解决系统长期发展问题（目标导向型问题）的战略方法。典型方法包括：冲突解决原理（发明原理、分离原理），标准解、效应搜索、技术系统进化等方法。

TRIZ 中建立了系统化分析、解决问题的步骤，也就是发明问题解决算法（Algorithm for Inventive-Problem Solving，ARIZ）。该算法采用一套逻辑原理逐步将初始问题程式化，并特别强调冲突与理想解的程式化，一方面技术系统向着理想解的方向进化；另一方面如果一个技术问题存在冲突需要解决，该问题就变成了一个发明问题。

由于 TRIZ 是一种逻辑性很强的创新方法，所以已开发出一些计算机辅助创新系统，并在很大程度上提升了创新的效率。

2.3.3 创新的级别

TRIZ 对发明的等级划分，是公认的较为科学的发明等级分类方法。阿奇舒勒及其团队通过对 250 万份专利进行分析，发现不同的发明专利内部蕴含的科学知识、技术水平都有很大的区别和差异。在以往未对这些发明专利的具体内容进行辨识时，很难区分出其知识含量、技术水平、应用范围和重要性等。TRIZ 主要根据发明专利对科学的贡献、技术应用范围及其带来的经济效益等对发明等级进行划分。在科技迅猛发展、创新活动繁荣蓬勃、创新成果层出不穷的今天，这种发明的分级方法有利于我们对发明的创新程度和价值作出准确的评价。

TRIZ 划分发明等级的内容和标准，按照创新程度从低到高依次对应 1 ~ 5 级，如表 2-1 所示。

表 2-1　TRIZ 中发明等级划分

发明等级	创新程度	知识来源	试错法尝试	所占比例 /%
第 1 级	最小型发明（常规设计）：对系统中个别零件进行简单改进	利用本行业中专业的知识	< 10	32
第 2 级	小型发明：对系统的局部进行改进	利用本行业中不同专业的知识	10 ~ 100	45
第 3 级	中型发明：对系统进行本质性改进，大幅提升了系统性能	利用其他行业中本专业的知识	100 ~ 1000	18
第 4 级	大型发明：系统被完全改变，全面升级了现有技术系统	利用其他科学领域中的知识	1000 ~ 10000	4

发明等级	创新程度	知识来源	试错法尝试	所占比例 /%
第 5 级	特大型发明：催生了全新的技术系统，推动科技进步	所用知识是新发现的科学知识	> 10000	< 1

第 1 级：最小型发明，或者说常规设计。一般通过常规设计对已有系统进行简单改进，或对产品的单独组件进行少量变更，多数为参数优化，但这些变化不会影响产品系统的整体结构。一般来讲，经过不超过 10 次的试错尝试可以达成。该类发明并不需要任何相邻领域的专门技术或知识，问题的解决可以仅凭设计人员自身的知识和经验完成，创新性极低。这类发明创造或发明专利占所有发明创造或发明专利总数的 32%。

例如，通过玻璃加厚来减小热损失；在关键位置采用加强筋来提高结构强度；用承载量更大的重型卡车替代轻型卡车，以降低运输成本和提高运输成本效率。

第 2 级：小型发明。对已有系统进行少量改进，使产品系统中的某个组件发生部分变化，改变的参数有数十个，即以定性方法改变产品。常采用参数折中方式来解决问题，一般来讲可能要经过百次以内的试错尝试可以达成。创新过程中利用本行业知识，通过与同类系统的类比即可找到创新方案。这类发明创造或发明专利约占所有发明创造或发明专利总数的 45%。

例如，焊接装置上增加一个灭火器，可以及时降低焊接点温度或提高安全性；斧头或螺丝刀采用空心手柄，可以储存钉子或螺丝刀头；冷暖空调一体机可以完成不同温度的调节需要。

第 3 级：中型发明。对已有产品系统的根本特性进行改进，系统的几个组件可能会出现全面变化，其中要有上百个参数需要改变，如果用试错法尝试，成本巨大。创新过程需利用领域外的知识，但不需要借鉴其他学科的知识。这类发明创造或发明专利约占所有发明创造或发明专利总数的 18%。

例如，计算机鼠标的出现，汽车上用自动传动系统代替机械传动系统，移动通话设备的更新换代，等等。

第 4 级：大型发明。采用全新的原理对已有系统的基本功能进行创新，会创造出新的事物。解决问题主要是从科学的角度而非单纯从工程的角度出发，需要改变数千个甚至数万个参数，它需要综合其他学科领域知识找到解决方案。这类发明创造或发明专利约占所有发明创造或发明专利总数的 4%。

例如，内燃机的发明，集成电路的形成，激光设备的出现，充气轮胎的产生，记忆合金的应用，等等。

第 5 级：特大型发明。主要是指那些由于新的科学发现、新的科学原理的出现而产生的一种新系统的发明、发现。一般是先有新的发现，建立新的知识，然后才有广泛地运用。这类发明创造或发明专利占发明创造或发明专利总数的比例不足 1%。

例如，蒸汽机、激光、电灯、核反应堆的首次发明等。

人们在创造活动中，遇到的绝大多数发明都在第 1 级、第 2 级和第 3 级的范围内，这类较低等级的发明起到不断完善原始技术的作用；虽然高等级发明对于推动科学技术的文明进步具有重大意义，但是这个级别的发明数量相当稀少。

TRIZ 对发明级别的划分，使人们对创新的水平、获得发明成果所需要的知识以及发明创造的难易程度等有了一个量化的概念。对应的 5 个发明级别中，第 1 级发明只是对现有系统的改善，并没有解决技术系统中的任何矛盾，其成果其实谈不上创新，更不具有重要参考价值；第 2 级发明和第 3 级发明解决了矛盾，可以看作创新；第 4 级发明改善的技术系统并不是对现有的技术问题的解决，而是采用某种新技术代替原有技术；第 5 级发明利用科学领域发现的新原理、新现象来推动现有技术系统达到更高的水平，但这对于工程技术人员来说比较困难。

总体上看，发明级别越高，完成该级别发明时所需的知识和资源就越多，相应涉及的领域就越宽，搜索和积累所需知识与资源的时间就越多，需要投入的研发力量也越大。而随着人类的进步、社会的发展和科技水平的提高，某个创新发明的级别也会随着时间的推移而降低，逐渐易于人们熟悉和掌握。

2.3 TRIZ 的学习与应用

2.3.1 TRIZ 的解题流程

正确利用 TRIZ 来解决问题，重点是熟练掌握两类工具：一类是问题分析工具，另一类是问题求解工具。TRIZ 解决问题的基本原理，就是避免用自己的经验来直接寻解，而是利用问题分析工具将技术问题转化为 TRIZ 问题，然后依靠问题求解工具来形成 TRIZ 解的模型，最后形成具体的解决方案。所以说，TRIZ 是一种逻辑性、系统性的创新方法，有自己的解题流程。这种逻辑性的解题过程，一方面使复杂的问题分解成简化、专业的问题，降低每一步的解题难度；另一方面让工程人员克服思维惯性，跳出自己的思维陷阱，避免直观经验的不自觉使用和解决问题过程中的盲目试错，引导工程人员在更广阔的领域寻找解决方案，最终得到高质量的解决方案。TRIZ 解决问题的一般流程如图 2-2 所示。

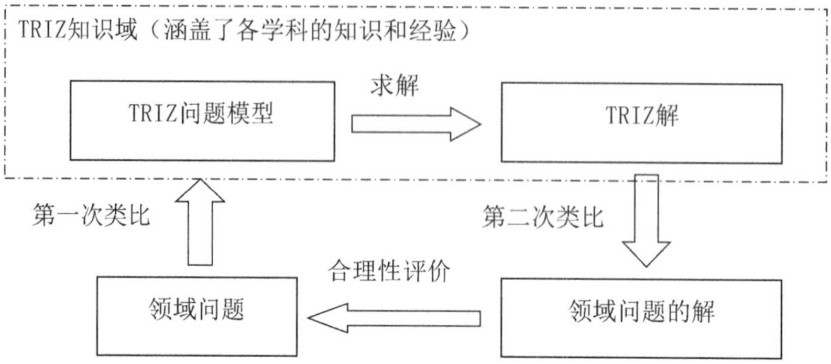

图 2-2　TRIZ 解决问题的一般流程

例如，焦化厂的工程技术人员提出，焦炭在出炉后迅速"熄焦"，可方便焦炭运输，避免焦炭烧蚀传送装置和运输车辆。而目前的"熄焦"工序存在熄灭不均匀、不彻底的问题。经过问题分析，发现熄焦的本质是对焦炭进行均匀降温，某些因素导致降温介质与焦炭接触不均匀。这样，"熄焦"问题就转化为一个"如何均匀冷却物体"的 TRIZ 标准问题。

在实际工作中，大多数工程技术问题是原因导向型问题，对于此类问题，按照 TRIZ 解决问题的一般流程包括以下四步。

（1）问题描述。描述问题的表象、发生条件等，包括系统功能、现有系统工作原理、当前系统存在的问题、出现问题的条件和时间、类似问题解决方案、新系统的要求等。

（2）问题分析。应用 TRIZ 中的问题分析工具对问题进行深入分析，找到问题产生的根本原因，确定冲突区域（确定要解决的关键问题），明确设计目标，并对系统进行资源分析。所用的分析工具包括功能分析工具、因果链分析工具、鱼骨图分析工具、最终理想解分析工具、资源分析工具、裁剪工具等。

（3）问题求解。围绕所确定的问题的类型，选取对应的问题解决工具进行求解。经典 TRIZ 中解决问题的工具包括 40 个发明原理、76 个标准解、功能导向搜索、知识效应库、ARIZ 算法等。应用这些工具，结合工程领域知识，提出若干具体的解决方案。

（4）方案评价。针对解决方案，从功能效果、经济性、技术可行性、技术进化趋势、社会效果等方面进行综合评价，可以将多方案组合成一个方案，确定最终的解决方案。

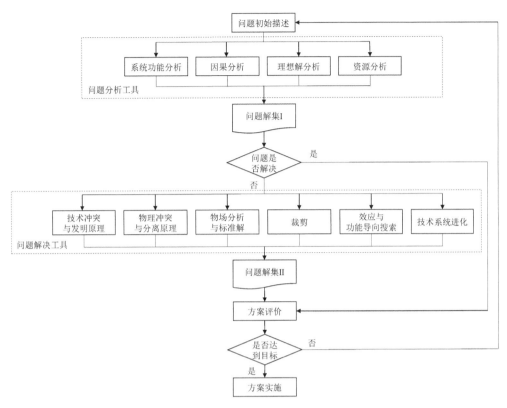

图 2-3　原因导向型问题解决流程

2.3.2 TRIZ 的学习原则

20 世纪 90 年代以来，TRIZ 在欧美国家得到广泛应用，取得了可观的经济效益。TRIZ 解决了很多技术难题，大幅增加了专利的数量与质量，提升了创新效率。2007 年，TRIZ 开始在我国进行系统应用推广，经过多年的导入、消化、吸收，中车集团、山东莱钢、中船重工等大型企业都形成了强大的创新团队，专门攻关企业技术难题，取得了重大的突破。

TRIZ 对于企业或者个人创造力的提升作用有目共睹，越来越多的企业和个人对此产生了浓厚的兴趣，希望熟练掌握并应用 TRIZ。但通过对 TRIZ 在很多企业实际应用的案例进行考察发现，实际效果存在很大不同：一些企业逐渐掌握了 TRIZ 的真谛，对方法的应用越来越得心应手，进入良性循环，人才队伍逐年壮大；也有一些企业实际效果不佳，参训人员事务繁多，难以全身心投入学习，在短期培训后，虽有效果显现，但随着时间的流逝，方法的后续应用和学员的显性业绩都鲜有回应。高校教育承担着源源不断培养企业创新人才的重任，是以，将 TRIZ 引入学生培养工作中，让大量的学生在大学阶段了解创新方法、掌握创新方法，是提升我国创新人才储备的重要途径。TRIZ 的学习不是一个简单的事情，企业也好，大学生也好，要想把 TRIZ 真正融会贯通，需要贯彻以下几个原则。

1. 放空心态，从头学习

"放空"心态，而不是"放松"心态，只有这样才可以让学习者更好地掌握 TRIZ。个人或集体的经验和知识存量，是创新工作的重要基础，但往往也是导致思维惯性和创新障碍的"罪魁祸首"。TRIZ 是一种基于逻辑的工具，学习使用 TRIZ 要注意严格按照 TRIZ 的方法步骤进行，避免经验知识的过早介入。很多人在应用 TRIZ 工具后，往往会很快想到一些所谓的"答案"，这实际还是"头脑风暴"式的思维惯性，应当尽量避免这些"顿悟"的影响，你会发现，按照 TRIZ 的思维与解题方式，你会找到更好的"答案"。当然，"头脑风暴"与"顿悟"，这些思维工具会在适当的环节成为 TRIZ 的必要补充。

2. 结合实际，学以致用

TRIZ 是一种实用性和目标性非常强的工具，不是简单理论的堆砌。学习 TRIZ 最好能够参加集中学习，并且带着实际中真正需要解决的问题来学，在学习过程中要与指导教师加强互动。科学的 TRIZ 学习一般都会经历几个阶段，每一个阶段都应该与实际问题相结合，只有经历几次实战，才能真正掌握 TRIZ 的精髓。

3. 勤加练习，循序渐进

很多学生在经过一轮 TRIZ 培训后，都会有茅塞顿开、思如泉涌的感觉，但"纸上得来终觉浅，绝知此事要躬行"，应当在此基础上马上进行强化，特别是要加强实践锻炼，将 TRIZ 知识系统地消化吸收。实际上，TRIZ 的内容繁多，每个步骤都是基于大量实践经验的结晶，完全领会这些知识需要很多时间。TRIZ 大师无一不是经过大量实践锻炼才实现了能力的夯实。在各位大师和研究者的努力下，TRIZ 的学习难度在逐步降低，他们对方法流程进行细化，使每个步骤越来越精干而清晰，更有利于初学者的理解。但想要整体提升自己的能力，还需要比较长的时间，学习者应当做好长期学习的准备。

4. 专业知识，融会贯通

TRIZ 并不是一门精确的科学，也不是某个工程学科的知识，TRIZ 的作用在于给人尽可能有用的启发。要想把 TRIZ 的解决方案模型翻译为可操作的具体设计方案、加工工艺、管理战略等，还需要相应专业知识的辅助，请注意这一点与"放空"心态并不矛盾，应用 TRIZ 既要用 TRIZ 来把握总体，指导总体流程，减少经验与惯性思维的干扰，又需要专业知识作为重要基础。只有把 TRIZ 与专业知识有效融合，才能发挥 TRIZ 的最大功效。

第 3 章 创新思维工具

3.1 思维惯性

思维是人脑对客观事物的本质和事物之间内在联系的规律性所作出的概括与间接反应。心理学家与哲学家都认为，思维是人脑经过长期进化而形成的特有功能，是一种复杂的心理活动。人脑对客观事物的本质属性的认识是靠人的感官感知的，而对于事物之间的内在联系的规律性所作出的概括与间接反应，则是运用思维的结果。例如人们通过视觉、触觉等感官能认知下雨，但通过思维概括出对流、冷凝等规律。在人类对客观世界的认知过程中，思维使人达到对客观事物的理性认识，构成了人类认识的高级阶段。

思维惯性又称思维定式、惯性思维，就是指我们在思考相似问题时，往往会使用在大脑中已经形成的一种固定的思维方式。思维惯性对人们思考问题及认识事物是有一定益处的，它可以帮助我们减少思考的时间，使我们"熟能生巧"地快速解决问题。但在创新过程中，思维惯性则会产生阻碍作用，令人因循守旧，所以思维惯性往往被认为是创新思维的拦路石。

思维惯性有多种类型，常见的有经验型、权威型、从众型、书本型、术语型等。

1. 经验型思维惯性

经验型思维惯性是指人们认为在长时间的实践活动中所取得和积累的经验，非常值得借鉴和重视。在创新思考中，人们受到以往经验的束缚，就会墨守成规，失去创造力。

经验是人类在长期实践活动中获得的主观体验和感受，是理性认识的基础，在人类改造世界的过程中发挥着重要作用，是人类宝贵的精神财富。在思考过程中，人们经常习惯性地照搬经验，根据已获得的经验去思考问题，但经验往往不能充分地反映出事物发展的本质和规律，从而制约了创造性思维的发挥。我们需要把宝贵经验和经验型思维惯性进行区分，克服惯性思维，提高思维灵活变通的能力。

2.权威型思维惯性

权威型思维惯性是指这样一种思维模式：凡是权威所讲的观点、意见、思想，不论对与错，都会不假思考地予以接受。权威性思维惯性是思维惰性的表现，是对权威的迷信、盲目崇拜和夸大，属于权威的泛化。权威性思维惯性的形成来源于两方面：一方面是不当的教育方式，另一方面是社会中广泛存在的一种个人崇拜现象在思维领域的体现，我们要区分权威与权威性思维惯性，坚持实践出真知，摆脱权威型思维惯性的束缚。

3.从众型思维惯性

从众型思维惯性是指没有或不敢坚持自己的主见，总是顺从多数人的意志。从众是人们普遍存在的心理现象。例如，当我们在超市的某个柜台前，看到排着长长的队伍时，就会下意识地走进队伍当中。从众型思维惯性常常存在于日常生活中，但我们在思考问题时要对从众型思维惯性加以警惕和破除，不要盲目跟随，应具备心理抗压能力，在科学研究和发明过程中要有自己独立的思维意识。

4.书本型思维惯性

书本型思维惯性就是认为书本上的一切都是正确的，盲目崇拜书本知识，不敢有任何质疑，把书本知识片面化、夸大化的现象。

书本知识对人类所起的积极作用是显而易见的，但有些书本知识并未随着社会的发展而得到及时有效的更新，导致书本上的知识与客观事物之间存在一定程度的时滞，如果一味地认为书本知识都是正确的，或严格按照书本知识指导实践，而看不到书本知识与现实世界之间的差距，就会束缚自己的思维、形成书本型思维惯性，这将严重束缚创造性思维的发挥。对于书本知识的学习需要掌握其精髓，活学活用，不能死记硬背，更不能作为万事皆准的绝对真理。

5.术语型思维惯性

术语型思维惯性是指人们经常会遵循本专业领域对术语的定义和理解。

术语是在特定学科领域用来表示概念的称谓的集合，是通过语言或文字来表达或限定科学概念的约定性语言符号，是思想交流和认识的工具。根据被人们理解的难易程度，可以简单地分为：专业性很强的术语，如跳水动作305B；通用术语，如传感器、电阻；功能术语，如支撑物、洗衣机、储存罐；日常术语，如绳子、铁锅、棍子，等等。

语言学研究表明，人们会不自觉地按照不同的语言表达内容，选择不同的方式组织信息，因此，在阐述发明问题时应避免过多地使用专业性较强的术语，否则不仅会对不同领域专家造成理解上的困难，而且可能会使人们在思考问题时陷入术语的惯性思维。

思维惯性是人们提高创造能力的障碍，为了消除这种障碍，就需要有意识地去打破自己旧有的思维习惯，很多专家从思维方式层面给出了一些建议，如培养平行思维、发散性思维、逆向思维、形象思维等。但是，这些建议是总体性的和方向性的，对于初学来说，需要很长时间的训练才能做到，而且没有一定之法。操作性不强。为此，TRIZ 提供了一系列帮助打破思维惯性，实现积极思维的方法。

3.2 九屏幕法

九屏幕法是 TRIZ 中为了解决系统矛盾、克服惯性思维而采用的一种创新思维方法，也是寻找和利用资源解决现实问题的一种有效工具，具有可操作性、实用性强的特点。九屏幕法（九屏分析）能够帮助我们从结构、时间，以及因果关系等多维度对问题进行全面、系统分析，即该方法不仅研究问题的现状，而且考虑与之相关的过去、未来，以及子系统、超系统等多方面的状态。

可以实现某个功能的事物（产品或物体）都可以看作一个技术系统，简称系统。技术系统是相互关联的组成部分的集合，若组成部分本身也是一个技术系统，则被称为子系统，子系统可以由零件或部件构成。系统是处于超系统中的，超系统是系统所在的环境，环境中与系统有相互作用的部分可以看作系统工作环境中的超系统组件。

九屏幕法就是以空间为纵轴，来考察"当前系统"及其"组成（子系统）"和"系统的环境（超系统）"；以时间为横轴，来考察上述三种状态的"过去""现在"和"未来"。这样，就构成了被考察系统至少九个屏幕的图解模型，如图 3-1 所示。

九屏幕法是 TRIZ 重要的系统分析工具之一，在产品开发设计调查中，将用户在现实生活中遇到的实际问题去替换当前系统，系统之外的高层次系统统称为超系统，系统所包含因素为子系统，然后分别对当前系统、子系统和超系统的过去和未来进

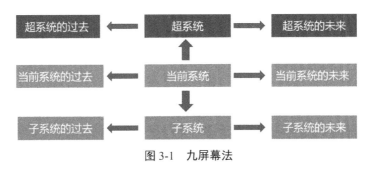

图 3-1　九屏幕法

行研究分析，可发现用户的隐形需求。

九屏幕法从时间轴向和空间轴向两个维度对当前系统进行全面分析，从而获得对当前系统的全面认识，进而推导出系统未来的理想模型，或确定通向理想解的路径。通过实践应用和分析发现，TRIZ 的技术系统进化法则与九屏分析的过程存在密切的联系：九屏分析过程处处体现着系统进化的思想，各进化法则分别在九屏分析的六条时空轴线上发挥作用，并沿着九屏分析具体应用的不同子路线引导思维的方向。

例如：人们在日常外出聚会活动中，经常会遇到与别人喝同一种包装的瓶装水的情况，一段时间后，常分不清楚哪一瓶才是自己的，被迫直接丢弃或再来一瓶，造成了水资源的浪费，但每一个人都有责任做到节约用水，开发怎样的产品可以避免这样的问题呢？

根据九屏幕的问题模型分析问题，如图 3-2 所示：①当前系统：乃针对问题本身——快速区分自己与他人的瓶子；②当前系统的子系统：属于产品本身的包装纸；③当前系统的超系统：装流动液体的容器；④系统的过去：玻璃杯、瓷杯、纸杯等；⑤系统的未来：识人的瓶子；⑥子系统的过去：无标识；⑦子系统的未来：可变标签或电子显示；⑧超系统的过去：远古人类用树叶、植物果实的外壳、竹子等天然原始材料；⑨超系统的未来：智能化供应水，或者人体内自动根据需要补给水养分。

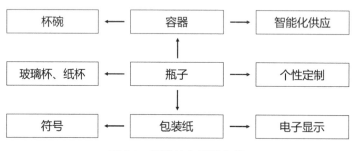

图 3-2　瓶子的九屏幕分析

针对每一个格子，考虑现有可利用资源，从所有系统的现在和未来着手，选择可利用的解决技术，在现有的瓶子上，从包装纸及容器本身进行进一步优化设计，向个性定制的智能化供应无限接近。

通过对问题的九屏幕分析，找到明确的设计方向，通过对问题本身的构成、使用者、环境和社会等 4 个方面的因素等进行思维碰撞，激发灵感，形成了最初的 10 个想法，分别是：①瓶外表包装纸上层采用刮刮乐形式，刮出自己喜爱的形状或字母，加以区分；②厂家在瓶子包装本身原始状态时就给予区分，比如包装纸上印有时下潮流用语；③改变瓶盖本身的色彩，用户在最初的时候就选择自己喜欢的颜色，第二次也会记得自己的选择；④每个人的指纹是独一无二的，如果可以采用指纹解锁，别人打不开便会放下，然后去寻找属于自己的水；⑤包装纸上带有密集排列的气泡膜，用户在捏破气泡膜的过程中，享受听觉及触觉的乐趣，且可以捏出自己喜欢的形状；⑥包装纸上有如邮票般的针孔可撕区域，用户可沿着规律排列的针孔，撕出规整数字或形状；⑦瓶盖上存在不同色彩或者形状的可撕便利贴，用户可选择撕下便利贴，贴在瓶身的不同位置，记住自己常用位置，以便在众多瓶子中一眼就能发现属于自己的那一个；⑧瓶身上的包装纸圈背面有不同数字，用户可撕下整个包装纸，反转粘贴；⑨瓶身某一区域存在可变形材质，用户可随意造型；⑩瓶盖本身有不同的造型，可结合十二生肖、十二星座或者其他可辨识性形体加以区分。

通过九屏幕的创新方法，找到明确的设计方向，有效解决了用户快速区分自己与别人的瓶子的问题。这一方法以人为本，将设计运用于生活，为生活服务，验证了创新方法在设计过程中的重要及必要性，可以培养设计师严密的创新思维，帮助设计师打破常规思维，提高创新能力。

3.3 STC 算子法

STC 算子法是一种非常简单的工具。从尺寸（S）、时间（T）和成本（C）三个方面的参数变化来改变原有的问题，使原有的问题发生转换从而打破思维定式。通常人们在解决技术问题时对系统已非常了解和熟悉，一般对研究对象有一种"定型"的认识和理解，而这种"定型"的特性在时间、空间和资金方面尤为突出。此种"定型"会在人们的思维中建立心理障碍，从而妨碍人们清晰、客观地认识所研究的对象。STC 算子可以帮助人们找到解决问题的新思路。其基本思想是将待改变的系统（如汽车、飞机、机床等）与 STC 建立关系，以打破人们的思维惯性，得到创新解。

STC 算子法就是对一个系统的某一特性（尺寸或时间或成本）进行单独考虑。由于一个产品或技术系统通常由多个因素构成，单一考虑相应因素会得出意想不到的想法和方向。

3.3.1 STC 算子法思考问题的流程

应用 STC 算子法思考问题，通常按照下列步骤进行分析。需要注意的是尺寸、成本和时间的内涵。

尺寸：一般可以考虑研究对象的三个维度，即长、宽、高，但尺寸不仅包含上述含义，还包括温度、强度、亮度、精度等的大小及变化的方向等延伸含义。所关注对象中可变的物理参数均可纳入尺寸范畴之内。

时间：一般指物体完成有用功能所需要的时间、有害功能持续的时间、动作之间的时间差等。

成本：一般可以理解为不仅包括物体本身的成本，而且包括物体完成主要功能所需各项辅助操作的成本以及浪费的成本。

在最大范围内来改变每一个参数，只有问题失去物理学意义才是参数变化的临界值。需要逐步地改变参数的值，以便能够理解和控制在新条件下问题的物理内涵。应用 STC 算子通常按照下列步骤进行分析。

步骤 1：明确现有系统。

步骤 2：明确现有系统在时间、尺寸和成本方面的特性。

步骤 3：设想逐渐增大对象的尺度，使之无穷大（$S \to \infty$）。

步骤 4：设想逐渐减小对象的尺度，使之无穷小（$S \to 0$）。

步骤 5：设想逐渐增加对象的作用时间，使之无穷大（$T \to \infty$）。

步骤 6：设想逐渐减少对象的作用时间，使之无穷小（$T \to 0$）。

步骤 7：设想增加对象的成本，使之无穷大（$C \to \infty$）。

步骤 8：设想减少对象的成本，使之无穷小（$C \to 0$）。

步骤 9：修正现有系统，重复步骤 2～8，并得出解决问题的方向。

这些试验或想象在某些方面是主观的，很多时候它取决于主观想象力、问题特点及其他一些情况。然而，即使是标准化地完成这些试验也能够有效消除思维定式。

3.3.2 STC 算子思考问题时经常出现的错误

有效、正确使用 TRIZ 工具是解决技术问题的关键，应当在使用过程中尽可能地避免错误的出现，为解决技术问题奠定良好的基础。在使用 STC 算子时，工程师容易出现以下错误。

一是在步骤 1 中，对技术系统的定义和界定不清楚，导致在后续的步骤中与研究对象不统一，同时不应该改变初始问题的目标。

二是在步骤 2 中，对研究对象的 3 个特性——尺寸、成本、时间的定义不清楚，造成在后续分析问题时没有找到解决问题的方向。

三是需要对每个想象试验分步递增、递减，直到进行到物体新的特性出现，为了更深入地观察到新特性是如何产生的，一般每个试验分步长进行，步长为对象参数数量级的改变（10 的整数倍）。

四是不能在没有完成所有想象试验时，担心系统变得复杂而提前中止。

五是 STC 算子使用的成效取决于主观想象力、问题特点等情况，需要充分拓展思维，摆脱原有思维的束缚，大胆地展开想象，不能受到现有环境的限制。

六是不能在试验的过程中尝试猜测问题最终的答案。

七是 STC 算子一般不会直接获取解决技术问题的方案，但它可以让工程师获得某些独特的想法和方向，为下一步应用其他 TRIZ 工具寻找解决方案作准备。

3.3.3 STC 算子应用案例

锚是船只锚泊设备的主要部件，用铁链连在船上，抛在水底，可以使船停稳。海锚一直是安全和希望的象征。海锚在航海史上拯救的船只不计其数，但随着现代造船工业的发展，对吞吐量几万吨甚至几十万吨的巨型船只而言，海锚显得没有之前那么可靠。海锚的安全系数一般是指海锚提供的牵引力（系留力）与其自身重量之比。一般不低于 10 ～ 12 吨（结构最出名的军舰锚和马特洛索夫锚在其自重为 1 吨时锚的系留力为 10 吨）。但是，这种理想效果只有当海底是硬泥的时候才能达到。当海底是淤泥或者岩石时，锚爪是抓不住海底的。怎样才能明显提高锚在海底的系留力呢？下面按照 STC 算子的步骤逐步进行分析。

步骤 1：明确现有系统。

目前，存在的问题是由于海上运输的需要，船只的自重随着技术水平的不断提升而增大，这就要求海锚所产生的自留力也必须相应地增加。系统由海锚、船只、绳索等组成，超系统包含海水、海底等。研究对象较为明确就是海锚。但是，"海锚"这个词能立刻使人联想起一些特定的解决方式，比如，增加锚爪数量，做一些其他形状的锚爪，增大锚的重量等。因此在解决问题的过程中克服思维定式最简单有效的办法就是不使用那些专业术语。尽量使用那些不具有具体含义的词，比如"事物""东西""对象"等，从功能的角度描述研究对象，如"需要能系留一百吨重的船只的物质"，"什么东西能够固定住一百吨重的船"。

利用术语可以准确地将已知和未知的东西区分开来，可是当已知和未知间没有明显界限，思维角度更趋向于未知的时候，就应该放弃使用术语了。如果题目中没有"锚"这个术语，也就没有"锚爪"的概念了。

步骤 2：明确现有系统在时间、尺寸和成本方面的特性。

在该系统中，系统由船、锚等组成，超系统有海水、海底等，系统及环境的参数可随着 STC 算子而改变。为了找到新方法的思路，首先需要对能发生变化的成分（船）进行一些调整。假设船身长 100 米，吃水量 10 米（船的尺寸为 100 米 /10 米），船距海底 1 千米，锚放到海底需 1 小时的时间，需要找到产生质变的参数变化范围。

步骤 3：设想逐渐增大对象的尺度，使之无穷大（$S \rightarrow \infty$）。

尺寸 $\rightarrow \infty$。船与锚是相对的关系，尺寸特性可以从相对的两个方面考虑：海锚尺寸的增大或船只尺寸的缩小。如果船的尺寸缩小到原来的 1/1000，变成 0.1 米，是否能解决问题？船太小了（像木片一样），缆绳（如细铁丝一样）的长度和重量远远超过了船的浮力，船将无法控制或沉没。

步骤 4：设想逐渐减小对象的尺度，使之无穷小（$S \rightarrow 0$）。

尺寸 $\rightarrow 0$。考虑船锚尺寸的缩小或船只尺寸的扩大。如果把船的尺寸增大为原来的 100 倍，变为 10 千米，问题解决了吗？这时船底早已接触到海底了，也就不需要系留了。把这一特性的质变运用到普通的船上将是什么情形？一是可以把船固定到冰山上；二是船停靠的时候下部灌满水；三是船体进行分割，将船的一部分脱离开并沉到海底；四是船下面安装水下帆，利用水起到制动的作用；等等。这些想法可以为解决问题提供方向。

步骤 5：设想逐渐增加对象的作用时间，使之无穷大（$T \rightarrow \infty$）。

时间 $\rightarrow \infty$。当时间为 10 小时的时候，锚下沉得很慢，可以很深地嵌入海底；打下扎到海底的桩子。有一种旋进型的锚（已获得专利的振动锚），电动机的振动可将锚深深地嵌入海底（系留力是锚自重的 20 倍），但这种方法不适用于岩石海底。

步骤 6：设想逐渐减少对象的作用时间，使之无穷小（$T \rightarrow 0$）。

时间 $\rightarrow 0$。如果把时间缩减为原来的 1/100，就需要非常重的锚，或者除重力外，能够有其他力量推动锚的运动，使它能够快速降到海底。如果时间减为 1/1000，锚就要像火箭一样投下去。可以考虑为锚增加动力装置，也可以考虑利用某些状态的变化将锚"粘"在海底。

步骤 7：设想增加对象的成本，使之无穷大（$C \rightarrow \infty$）。

成本 $\rightarrow \infty$。如果允许不计成本，那么可以使用特殊的方法和昂贵的设备。利用白金锚、火箭、潜水艇、深潜箱等工具来完成需要达到的目标。

步骤 8：设想减少对象的成本，使之无穷小（$C \rightarrow 0$）。

成本 $\rightarrow 0$。如果不允许增加成本，或者很小的成本，那么必须利用免费资源。在该问题中海水是免费的资源，同时也可以无限满足于系统的要求，可以利用海水来增强系留的功能，或者是改变海水的状态来达到目的。

问题的最终解决方法是用一个带制冷装置的金属锚，锚重 1 吨，制冷功率 50

千瓦 / 小时，1 分钟内锚的系留力可达 20 吨，10 ～ 15 分钟内达 1000 吨。

STC 算子虽然不能够直接提供解决问题的方案，但是可以为解决问题提供方向，尤其是面对问题"没有任何头绪"时，可以利用该方向扩展思路、拓宽思维。STC 算子通过进一步激化问题，寻找产生质变的临界范围，虽然 STC 算子规定了从尺寸、时间、成本 3 个特性改变原有的问题，但在实际使用过程中可不受 3 个纬度的约束，根据技术问题的特点和需求，在其他方面，如空间、速度、力、面积等方面展开极限思维，该方法本身是为了达到克服思维惯性的目的，使用者需要开拓思维，不能从一种惯性思维到达另外一种惯性思维。

3.4 小人法

小人法是用一组小人来代表那些不能完成特定功能的部件，通过能动的小人，实现预期的功能。然后，根据小人模型对结构进行重新设计。其有两个目的：一是克服由于思维惯性导致的思维障碍，尤其是对于系统结构；二是提供解决矛盾问题的思路。

3.4.1 小人法的解题思路

按照常规思维，在解决问题时通常选择的策略是从问题直接到解决方案，而这个过程采用的手段是在原因分析的基础上，利用试错法、头脑风暴法等得到解决方案。这种策略常常会导致形象、专业等思维惯性的产生，解决问题的效率较低。而小人法解决问题的思路是将需要解决的问题转化为小人问题模型，利用小人问题模型产生解决方案模型，最终产生待解决问题的解决方案，既有效规避了思维惯性的产生又克服了对此类问题原有的思维惯性，解决思路见图 3-3 所示。而这种解决问题的思路贯穿在整个 TRIZ 的理论体系中，如技术矛盾、物场模型、物理矛盾、知识库等工具都采用此类的解决策略。

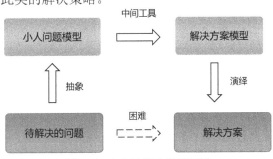

图 3-3　小人法解决问题思路

3.4.2 小人法的解题流程

小人法在解决问题时通常采取以下 5 个步骤，应当指出的是 TRIZ 中各个工具的使用都有较为严谨的步骤，或者称为"算法"，为学习和应用者提供了清晰的流程。

第一步：分析系统和超系统的构成。

描述系统的组成，"系统"是指出现问题的系统，系统层级的选择对于分析问题和解决问题有很大的影响。系统层级选择太大时，系统信息难以充分掌握，为分析问题带来了困难；系统层次太小时，视野狭小，可能遗漏很多重要的信息。这时需要根据具体的问题具体分析。

第二步：确定系统存在的问题或者矛盾。

当系统内的某些组件不能完成其必要功能，并表现出相互矛盾时，找出问题中的矛盾，分析出现矛盾的原因有哪些，并确定出现矛盾的根本原因。

第三步：建立问题模型。

描述系统各个组成部分的功能（按照第一步确定的结果描述），将系统中完成不同功能的组件想象成一群一群的小人，用图形的形式表示出来，不同功能的小人用不同的颜色表示，并用一组小人代表那些不能完成特定功能的部件。此时的小人问题模型正是当前出现问题时或发生矛盾时的模型。

第四步：建立方案模型。

研究得到的问题模型（有小人的图），根据问题的特点及小人具有的功能，赋予小人一定能动性和"人"的特征，抛开原有问题的环境，对小人其进行重组、移动、剪裁、增补等改造，以便实现解决矛盾。

第五步：从解决方案模型过渡到实际方案。

根据对小人的重组、移动、剪裁、增补等改造后的解决方案，从幻想情景回到现实问题的环境中，将微观变成宏观，实现问题的解决。

3.4.3 小人法使用时注意事项

长期的实践和应用经验表明，在应用小人法时经常出现下列错误：一是将系统的组件用一个小人、一行小人或一列小人表示，小人法要求需要使用一组或一簇小人来表示。小人法的目的是打破思维惯性，将宏观转化为微观，如果使用一个小人表示，达不到克服思维惯性的目的。二是简单地将组件转化为小人，没有赋予小人相关特性，使应用者对"小人图形"的模棱两可，无法解决问题。需要根据小人所具备的功能和问题环境给予小人的一些特性，可以通过联想有效地得到解决方案。

小人法的应用重点、难点在于小人如何实现移动、重组、裁剪和增补，这也是小人法的应用核心。其变化的前提是必须根据执行功能的不同给予小人一定的人物特征，才能实现问题的解决，而激化矛盾有利于小人的重新组合。

3.4.4　小人法解决技术问题案例

1. 利用小人法解决水杯喝茶问题案例

水杯是人们经常使用的喝水装置。据统计，我国有 50% 左右的人有喝茶的习惯，而普通的水杯不能满足喝茶人的需要。比如在使用普通水杯喝茶时，茶叶和水的混合物通过水杯的倾斜，同时进入口中，影响人们正常喝水。在这个问题中，当水杯没有盛水，或者盛茶水但没有喝时并没有发生矛盾，因此只分析饮水时的矛盾。下面按照小人法的步骤逐一分析。

第一步：分析系统和超系统的构成。

系统的构成有水杯杯体、水、茶叶以及杯盖组成，超系统是人的手及嘴。由于喝水时所产生的矛盾与系统的杯盖没有较大关系，因此可不予考虑。而人的手和嘴是超系统，难以改变，也不予考虑。

第二步：确定系统存在的问题或者矛盾。

系统中存在的问题是喝水时水和茶叶同时会进入嘴中，根本原因是茶叶的质量较轻，漂浮在水中，会随水的移动而移动。

第三步：建立问题模型。

描述系统组件的功能。

第四步：建立方案模型。

如图 3-4 所示，在小人模型中，绿色的小人（水）和黑色的小人（茶叶）混合在一起，当紫色小人（水杯）移动或者改变方向时（喝水时），绿色小人和黑色小人也会争先向外移动。我们需要的是绿色小人，而不是黑色小人。这时，需要有另外一组人，将黑色小人拦住，就如同公交车中有贼和乘客，警察需要辨别哪些是贼，当乘客下车时警察放行，贼下车时警察拦住，最后车内剩余的是贼。为了拦住贼，需要警察出现。因此本问题的方案模型是引入一组具有辨识能力的小人。

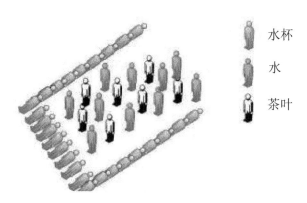

水杯

水

茶叶

图 3-4 喝茶问题小人模型（后附彩图）

第五步：从解决方案模型过渡到实际方案。

根据第四步的解决方案模型，需要在出口增加一批警察，而警察必须有识别能力。回到原问题中，需要增加一个装置，能够实现茶叶和水的分离。由于水和茶叶对滤网的通过性不同，很容易地会想到这个装置应当是带孔的过滤网，孔的大小决定了过滤茶叶的能力，如图 3-5 所示。

图 3-5 能够分离水和茶叶的水杯

2. 应用小人法解决水杯倒水时溢水的问题

在解决水和茶叶分离的同时又产生了新的问题：当过滤网的孔太大时，茶叶容易和水同时出去；当过滤网的孔太小时，向杯中倒水时，水下流的速度变慢，开水容易溢出，造成对人体的烫伤。应用小人法解决水杯喝茶问题，问题的解决又带来了新问题。这时矛盾的发生不是在喝水时，而是向杯中倒水时。因此，我们要重新按步骤再次进行分析。

第一步：分析系统和超系统的构成。

系统构成如解决水杯喝茶问题的案例，但在这个新问题中，水溢出与空气有一定的关系，因此在解决过程中需要考虑空气。而茶叶与问题无关，不予考虑。

第二步：确定系统存在的问题或者矛盾。

系统中存在的问题是当开水倒入水杯时，一般过滤网的孔较小，水流比较集中，在过滤网上方水的压力大于空气外出的压力，空气无法从水杯中排出，使得水无法进入杯中，停留在过滤网上方，容易造成水的溢出，发生烫伤等有害事件。

第三步：建立问题模型。

描述系统组件的功能。

第四步：建立方案模型。

如图 3-6 所示，在小人模型中，当倒入开水时，蓝色小人（开水）经过红色小人（过滤网）向下移动，在短时间内会出现大量的蓝色小人，由于蓝色小人"人多势众"，使得底部的白色小人（空气）无法出去，形成二者对立的局面。此时水杯从过滤网到杯口的容积较小，造成蓝色小人移动到紫色小人（水杯）的外边，烫伤倒水者。在这里，矛盾表现在蓝色小人和白色小人在红色小人的区域发生对峙，一方想出去，一方想进来，矛盾产生在红色小人（过滤网）的区域。如同在一条单行道路上，当两方相向相遇时，都不能通过，最好的办法是运用交通警察，将二者分开，各行其路。在本问题中，能够承担交通警察的角色只有红色小人（过滤网），而出现问题正是因为红色小人的存在使得双方对峙。对峙的重要原因是双方在同一个平面上，无法实现二者的分离。如何通过改变红色小人，来打破双方对峙呢？利用红色小人疏导蓝色小人和白色小人，使双方各行其道。可以考虑通过重组红色小人，将红色小人的排列由平面排列转化为"下凸"形排列，当蓝色小人向下移动时，白色小人可以自觉向上移动。

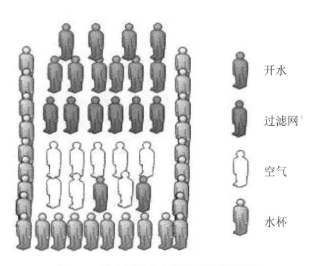

开水

过滤网

空气

水杯

图 3-6　倒水问题小人模型（后附彩图）

第五步：从解决方案模型过渡到实际方案。

根据第四步的解决方案模型，改变原有直面形的过滤网，设计为"下凸"形的过滤网，使水和空气各自沿着不同的道路移动，不会出现双方对峙，造成人员的伤害。过滤网的形状见图3-7。

图3-7　防溢水杯过滤网

3. 应用小人法解决水杯倒茶的问题

在水杯喝茶问题和水杯倒水时溢水问题的解决方案中，仍然存在当茶叶较碎小时，很多茶叶移动出来，如喝龙井、茉莉花等。当喝铁观音等茶叶片较大的茶时则不存在问题，但在喝完茶后，茶叶容易粘连在杯壁，不易清理茶叶。下面按照小人法的步骤进行分析。

第一步：分析系统和超系统的构成。

系统的构成有水杯杯体、水、茶叶、过滤网及杯盖。

第二步：确定系统存在的问题或者矛盾。

当水杯使用者喝颗粒较小的茶叶时，需要过滤网的孔非常小，这样在解决水杯倒水时溢水问题中的设计也会出现水杯喝茶问题中所出现的后果，当喝茶叶叶片较大的茶时，茶叶不容易清理，出现了两个问题。

第三步：建立小人问题模型。

描述系统组件的功能。

第四步：建立方案模型。

如图3-8所示，在小人模型中，红色小人（过滤网）执行的主要功能是当喝水时将黑色小人（茶叶）和蓝色小人（水）分离，也就是将黑色小人固定在一个区域内，而蓝色小人可以自由移动，同时不能造成在蓝色小人进入时，引起蓝色小人和白色小人之间的对峙。进一步激化矛盾，当红色小人之间的间距非常小时，白色小人和蓝色小人都很难通过，同时将红色小人移动在杯口，这时蓝色小人向下移动时就会向外溢出。考虑可否将水杯颠倒一下，或将红色小人在整个水杯中的站位进行

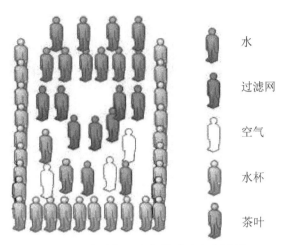

图 3-8　倒茶叶问题小人模型（后附彩图）

调整，从上方移动到下方，就不会造成蓝色小人向外移动的现象（溢出烫伤）。当红色小人移动到下方时，黑色小人进入杯子比较困难，如果杯体下方能够给黑色小人开一扇门，那么黑色小人的进出将变得非常容易。这时大量蓝色小人进入时，没有红色小人的阻挡，很容易的向下移动，而黑色小人由于下方有门，可很容易的出入，同时红色小人的间距非常小，有效实现黑色小人和蓝色小人之间的分离。

　　第五步：从解决方案模型过渡到实际方案。

　　根据第四步的解决方案模型，将过滤网安装在水杯的最下方，同时在水杯的下方也设计为可以开口的形式，如图 3-9 所示，从而解决了上述的问题。在倒入开水时，水不易溢出；在喝颗粒较小的茶叶时，茶叶不会漏过滤网；当喝叶片较大的茶叶时，因离杯口较近，很容易地实现清理。

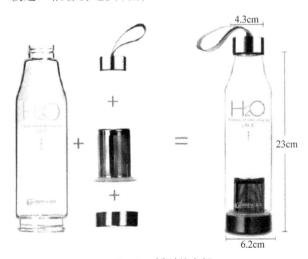

图 3-9　新型茶水杯

3.5 最终理想解

产品或技术随着时间和市场需求、行业发展、超系统等的变化时时刻刻都处于进化之中，进化的过程就是产品由低级向高级演化的过程。如果将所有产品或技术作为一个整体，从历史曲线和进化方向来说，任何产品或技术的低成本、高功能、高可靠性、无污染等都是研发者追求的理想状态，产品或技术处于理想状态的解决方案可称为最终理想解。

创新过程从本质上说是一种追求理想化的过程。TRIZ 中引入了"理想化""理想度"和"最终理想解"等概念，目的是进一步克服思维惯性，开拓研发人员的思维，拓展解决问题可用的资源。

应用 TRIZ 解决问题之始，要求使用者先抛开各种客观限制条件，针对问题情境，设立各种理想模型，可以是理想系统、理想过程、理想资源、理想方法、理想机器、理想物质。通过定义问题的最终理想解，以明确理想解所在的方向和位置，保证在问题解决过程中向着此目标前进并达到或接近最终理想解，从而避免了传统创新设计和解决问题时缺乏目标的弊端，提升解决问题的效率。

TRIZ 创始人阿奇舒勒对最终理想解作出了这样的比喻："可以把最终理想解比作绳子，登山运动员只有抓住它才能沿着陡峭的山坡向上爬，绳子自身不会向上拉他，但是可以为其提供支撑，不让他滑下去，只要松开，肯定会掉下去。"可以说最终理想解是用 TRIZ 解决问题的"导航仪"，是众多 TRIZ 工具的"灯塔"。在TRIZ 中，最终理想解是指系统在最小程度改变的情况下能够实现最大程度的自服务（自我实现、自我传递、自我控制等）。

3.5.1 最终理想解的特点和作用

1. 最终理想解的特点

根据阿奇舒勒的描述，最终理想解应当具备以下四个特点，在确定最终理想解之后，可用四个特点检查其有无不符合之处，并进行系统优化，以确认达到或接近最终理想解为止。

一是最终理想解保持了原有系统的优点。在解决问题的过程中不能因为解决现有问题而抹杀原系统的优点，原系统的优点通常是指低成本、能够完成主要功能、低消耗、高度兼容等。

二是消除了原系统的不足。在解决问题的过程中能够有效避免原系统存在的问题、不足和缺点，没有消除系统不足的不能称之为最终理想解。

三是没有使系统变得更复杂。面对技术问题时，可能有成千上百的方案可以解决技术问题，如果使得原有的系统更加复杂可能带来更多的次生问题，如成本的上升、子系统之间协调难度的增加、系统可靠性的降低等，那么就不能称之为最终理想解。而 TRIZ 的重要思想是应用最少的资源、最低的成本解决问题。

四是没有引入新的缺陷。解决问题的方法如果引入了新的缺陷，需要再进一步解决新的缺陷，则得不偿失。

因此，如果解决方案能够满足上述特点，可称之为最终理想解。

2. 最终理想解的作用

在具体的应用过程中最终理想解能够发挥以下作用。

一是明确解决问题的方向。最终理想解的提出为解决问题确定了系统应当达到的目标，然后通过 TRIZ 中的其他工具来实现最终理想解。

二是能够克服思维惯性，帮助使用者跳出已有的技术系统，在更高的系统层级上思考解决问题的方案。

三是能够提高解决问题的效率，最终理想解形成的解决方案可能距离所需结果更近一些。

四是在解题伊始就激化矛盾，打破框架、突破边界、解放思想，寻求更睿智的解。

最终理想解是一种解决技术系统问题的具体方法或者是技术系统最理想化的运行状态。因此，最理想化的技术系统应该是：没有实体和能源消耗，但能够完成技术系统的功能，也就是不存在物理实体，也不消耗任何的资源，但是却能够实现所有必要的功能，即物理实体趋于零，功能无穷大。简单说，就是"功能俱全，结构消失"。最终理想解是理想化水平最高、理想度无穷大的一种技术状态。

因此，理想化是技术系统所处的一种状态，理想度是衡量理想化的一个标志和比值，最终理想解是在理想化状态下解决问题的方案。

3.5.2 最终理想解的确定

定义最终理想解通常用六步法来确定。

（1）设计的最终目的是什么？

（2）最终理想解是什么？

（3）达到理想解的障碍是什么？

（4）出现这种障碍的结果是什么？

（5）不出现这种障碍的条件是什么？

（6）创造这些条件存在的可用资源是什么？

3.5.3 最终理想解的应用及注意事项

在实验室里，实验者在研究热酸对合金的腐蚀作用时，他们将大约 20 种金属的实验块摆放在容器底部，然后泼上酸液，关上容器的门并开始加热。实验持续约 2 周后，打开容器，取出实验块在显微镜下观察表面的腐蚀程度。由于实验持续时间较长，强酸对容器的腐蚀情况较严重，容器损坏率非常高，需要经常更换，为了使容器不易被腐蚀就必须采取惰性较强的材料，如铂金、黄金等贵金属，但这会造成实验成本的上升。应用最终理想解解决该问题步骤如下：

（1）设计的最终目的是什么？

在准确测试合金抗腐蚀能力的同时，不用经常更换盛放酸液的容器。

（2）最终理想解是什么？

合金能够自己测试抗酸腐蚀性能。

（3）达到最终理想解的障碍是什么？

强酸腐蚀容器，同时合金不能自己测试抗酸腐蚀性能。

（4）出现这种障碍的结果是什么？

需要经常更换测试容器，或者选择贵金属作为测试容器。

（5）不出现这种障碍的条件是什么？

有一种廉价的耐腐蚀器皿代替现有容器起到盛放酸液的功能。

（6）创造这些条件时可用的已有资源是什么？

合金本身就是可用资源，可以把合金做成容器，测试酸液对容器的腐蚀性。

最终解决方法是将合金做成盛放强酸的容器，在实现测试抗腐蚀能力的同时，减少了成本。

在应用最终理想解的过程中需要注意几个问题。

一是对最终理想解的描述。阿奇舒勒在多本著作中提出，最终理想解的描述必须加入"自己""自身"等词语，也就是说需要达到的目的、目标、功能等在不需要外力、不借助超系统资源的情况下完成，是一种最大程度的自服务（自我实现、自我传递、自我控制等）。此种描述方法有利于工程师打破思维惯性，准确定义最终理想解，使解决问题沿着正确的方向进行。

二是最终理想解并非是"最终的"，根据实际问题和资源的限制，最终理想解有最理想、理想、次理想等多个层次，当面对不同的问题时，根据实际需要进行选择。如在本例中，对于合金抗腐蚀能力的测试问题，最理想的状态是没有测量的过程，就能够知道合金的抗腐蚀能力；理想状态是在不采用贵金属、不经常更换容器的前提下准确测量出合金的抗腐蚀能力；次理想是不经常更换容器的条件下准确测试出合金抗腐蚀能力。在不同的理想状态下所采取的策略有所不同。

三是在应用最终理想解的过程中是一个双向思维的过程，从问题到最终理想解，从最终理想解到问题，对于最理想的最终理想解可能达不到，但是这是目标，通过逐步达到次理想的最终理想解、理想的最终理想解，最终达到最理想的最终理想解。

第4章 资源分析

星期六上午，小男孩在他的玩具沙箱里玩耍。他在松软的沙堆上修筑公路和隧道时，发现沙箱的中部有一块大的岩石。小男孩开始挖掘岩石周围的沙子，企图把它从泥沙中弄出去。他手脚并用，连推带滚地把岩石弄到了沙箱的边缘，似乎没有费太大的力气。不过，这时他才发现，他无法把岩石向上滚动、翻过沙箱边墙。小男孩下定决心，手推、肩挤、左摇右晃，一次又一次地尝试。可是，每当他刚刚觉得取得一些进展的时候，岩石便滑脱了，重新掉进沙箱。最后，小男孩的手指被砸伤，伤心地哭了起来。整个过程，小男孩的父亲从起居室的窗户里看得一清二楚。当泪珠滚过小男孩的脸庞时，父亲来到了他跟前。父亲的话温和而坚定："儿子，你为什么不用上所有的力量呢？"小男孩抽泣道："爸爸，我已经尽力了！我用尽了我所有的力量！""不对，儿子，"父亲亲切地纠正道，"你并没有用尽你所有的力量，你没有请求我的帮助。"父亲弯下腰，抱起岩石，将岩石搬出了沙箱。

4.1 资源概述

4.1.1 资源的概念与特征

资源是指一切可被人类开发和利用的物质、能量和信息的总称。

资源具有可生成性、时效性、社会性、有限性和连带性5个方面的特征。

1. 资源的可生成性

资源的可生成性是指在一定的自然条件和社会条件下，可以生成或者创造某些资源。例如，以往的纸张大多数是由木材、植物纤维制造的，但是随着技术的进步，现在可以用石头造纸。

2. 资源的时效性

资源的时效性是指在不同的历史时期，具有不一样的资源，或者在不同的时期资源的价值不一样。

3. 资源的社会性

资源的社会性是指资源是由人类开发的，并被人类利用，最终将作用于社会，推动社会的发展。

4. 资源的有限性

资源的有限性是指一切资源的数量相对于人们的需求来说是有限的。

5. 资源的连带性

资源的连带性是指不同资源之间存在着连带与制约关系，因此，在进行资源的利用与分析时，必须站在系统的角度去分析，避免因为资源相互制约影响系统的有效运行，或者造成资源的过度消耗与浪费。

4.1.2 资源的作用

在 TRIZ 中，创造性地利用系统中的可用资源可以提高系统的理想化水平，是解决发明问题的里程碑。解决发明问题时，在问题趋近于理想状态的过程中，资源扮演了更为重要的角色。TRIZ 认为：对系统中可用资源的创造性应用能够增加技术系统的理想度，是解决发明问题的基础。因此，资源分析是 TRIZ 解决问题的一种重要工具，而创新的本质就是找到并利用好别人没有发现的资源。

4.2 资源的分类

4.2.1 资源分类的基本框架

依据资源在系统中的所处区域，可以分为内部资源和外部资源。内部资源是指在冲突发生的时间、区域内部存在的资源；外部资源是指在冲突发生的时间、区域外部存在的资源。依据资源在系统设计当中的可用形态又可以分为直接资源、差动资源和导出资源，如图 4-1 所示。

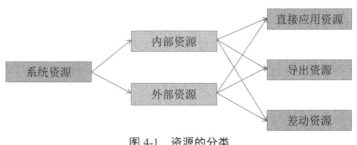

图 4-1 资源的分类

4.2.2 直接资源

直接资源是指在当前存在状态下可被直接应用的资源，包括物质资源、场资源、空间资源、时间资源、信息资源和功能资源。

1. 物质资源

物质资源是指系统内及超系统中的任何材料或物质。例如，废弃物、原材料、免费或廉价的物质、水、空气、砂子等。

在直接资源选择与利用的过程中，重要的是要根据物质的状态变化或特性去寻找和选择资源，往往会更加快捷。

表 4-1 提示人们利用物质的形态变化来寻找资源，例如利用水结冰时出现的体积膨胀来破开石头；表 4-2 提示人们利用某种物质的特性来寻找资源，例如将卡车尾气导入装载沙石的车厢底部实现过滤。

表 4-1　物质的形态变化

易蒸发的物质	易溶解的物质	吸收热的物质
易煮沸的物质	易结晶的物质	热积聚物质
易升华的物质	易硬化的物质	爆炸性物质
易冷却的物质	聚合的物质	易融化的物质
生成气体的物质	解聚的物质	产生液体的物质
吸收气体的物质	产生热的物质	吸收液体的物质
易燃物质	压电物质	带有形状记忆的物质
电解产物	混合的物质	具有居里效应的物质
分解产物	分解的物质	重组产物

表 4-2　物质的特性

	黏性的物质		电流变液体		发光体
	易变形的物质		导体		化学试剂
	易碎物质		半导体		透明体
	双金属片		低摩擦的物质		铁磁粉末
	可变阻力		高摩擦的物质		感光物质
	可变颜色		带有强烈气味的物质		X射线敏感物质
	铁磁液体		带有刺激味的物质		
	绝缘体		铁磁体		

2. 场资源

场资源指的是系统中或超系统中任何可用的能量或场，常见的场资源如表 4-3 所示。系统中较为常用的场资源包括机械能、热能、化学能、电能、磁能、电磁能等。

表 4-3　常见的场资源

	重力		惯性力		科里奥利力
	离心力		内张力		热张力
	浮力		液体静压力		气体静压力
	液体动压力		气体静压力		摩擦力
	弹力		光压力		升力
	马格纳斯力		振动		摆动
	反作用力		渗透		扩散
	声音		超声		波
	无线电波		微波		电流
	放电		涡电流		磁场
	静电场		电磁场		光
	表面流		基本粒子流		红外线
	X射线		激光		紫外线

例如：

（1）将火车站建在坡上，利用重力场减缓火车速度，并为起步提供动力。

（2）四大发明之一的指南针，就是利用磁场来显示方向。

（3）走马灯利用火焰燃烧产生热气形成的热场，推动灯罩旋转。

（4）利用风力驱动的帆船和当代的风力发电设备，都是利用风能。

3. 空间资源

空间资源包括系统资源及其所处的环境资源，这种资源可以用来放置新的物体，也可以用来在空间紧张时节约空间。可以从以下几个方面去寻找空间资源。

（1）系统元素间的空间。例如利用电脑主机内的空间，使内部元件间实现空气流，有利于元件的降温，如图4-2所示。

图4-2　电脑主机

（2）系统的表面空间。例如充电宝表面开槽，将电源插头与充电线放入其中，便于携带与使用，如图4-3所示。

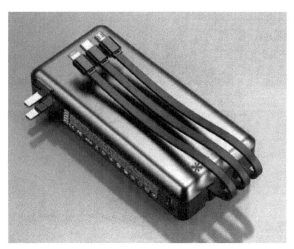

图 4-3　带线充电宝

（3）系统元素内部的空间。例如战斗机为在减小重量增加马力的同时，把油箱的容量增大，将飞机机翼和机身一体成型，并接受风洞检验，油箱安排在整个飞机内部和机翼里，能塞的地方全部塞满了航空燃油。除了当燃料之外，航空燃油还能充当散热液和保持平衡的重物，如图 4-4 所示。

图 4-4　战斗机油箱

（4）无用元素占用的空间。例如在公交车外面喷广告，增强产品影响力，如图 4-5 所示。

图 4-5　喷有广告的公交车

（5）未被使用的空间范围。例如为解决商区、医院等停车难问题，建立立体车库，如图 4-6 所示。

图 4-6　立体车库

4. 时间资源

时间资源是指一切可以利用的时间，尤其是没有充分利用或根本没有利用的时间间隔。可以从以下几个方面去寻找时间资源。

（1）过程开始前的时间。例如去医院看病，利用线上挂号系统（见图 4-7）提前挂号、缴费，减少等待时间。

预约挂号　　当日挂号　　门诊缴费　　门诊缴费记录

住院充值　　住院充值记录　　住院日清单　　门诊充值

图 4-7　线上挂号系统

（2）过程期间的时间段。例如混凝土搅拌车（见图 4-8）在运输过程中对水泥进行搅拌，到达工地直接使用。

图 4-8　混凝土搅拌车

（3）同时进行不同过程。例如采煤机在割煤的同时装运煤，如图 4-9 所示。

图 4-9　采煤机

（4）加速过程，节约时间。例如数控铣床（见图 4-10）刀具在加工间隙空移动时，往往采用加速移动的方法，以节约总的加工时间。

图 4-10　数控铣床

5. 信息资源

信息资源是指系统及其所处环境当前状态的所有信息，包括系统及其环境的变化信息。在 TRIZ 中，信息资源往往用于系统或设备的检测和测量。可从以下几个方面去寻找信息资源。

（1）系统及其组成元素产生的场。例如地秤（见图 4-11）利用车辆的重力场进行车重测量。

图 4-11　地秤

（2）脱离系统的物质。例如当发动机出现故障时，尾气排放中的污染物会增加，根据汽车尾气的成分分析，检测发动机的工作情况，如图 4-12 所示。

图 4-12　尾气检查

（3）系统及其组成元素的特性。例如恒温水龙头（见图 4-13）使用记忆合金在不同温度下的热膨胀率，来实现温度控制。

图 4-13　恒温水龙头

（4）通过系统及其组成元素能量的变化。例如热水器加装温度传感器来实现自动温度控制。

6. 功能资源

功能资源是指物体或其部件能够完成的额外的功能特性。可以从以下几个方面寻找功能资源。

（1）系统及其所处环境可执行有益功能的实现。例如在飞机的空气循环系统中加入麻醉气体，以制服劫机犯。

（2）将系统及其所处环境的有害功能转换成为有益功能。例如在煤气中加入有强烈大蒜味的乙硫醇，以便容易感知煤气泄漏，及时采取相应措施。

（3）系统及其所处环境可执行有益功能的合成强化。例如将打印机、复印机、扫描仪、传真机组合到一起，形成多功能一体机。

4.2.3 差动资源

物质与场的不同特性是一种可形成某种技术的资源，这种资源称为差动资源。差动资源的分类如图 4-14 所示。

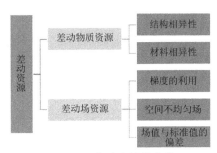

图 4-14　差动资源的分类

1. 差动物质资源

物质结构或材料的差异性使得物质在不同方向或不同条件下的物理性能不一样，而这种性能往往在生产、生活中被应用。因此，差动物质资源又可以分为结构相异性差动物质资源和材料相异性差动物质资源。

结构相异性差动物质资源的特性主要有以下 6 点，如图 4-15 所示。

（a）光学特性　　　　　　　　（b）电特性

（c）声学特性　　　　　　　　（d）机械特性

（e）化学特性　　　　　　　　（f）几何特性

图 4-15　结构相异性差动物质资源

（1）光学特性。通过打磨面，利用光的反射，使钻石变得璀璨夺目。

（2）电特性。通过对电磁继电器线圈两端进行加电和断电自动控制开关。

（3）声学特性。超声波已经成为临床医学中不可缺少的疾病诊断方法。

（4）机械特性。劈木柴时一般是沿着木柴的纹理方向劈最省力。

（5）化学特性。晶体的腐蚀往往在有晶体缺陷首先发生。

（6）几何特性。筛选机通过不同网孔筛选粮食。

二是材料相异性差动物质资源：不同的材料特性可以在设计中用于实现主功能或有用功能。例如，对于合金碎片的混合物，可先将其逐步加热到不同合金的居里点，然后用磁性分拣的方法将不同的合金分开。

2. 差动场资源

在设计中，可以利用场在系统中的不均匀性实现某些新的功能，主要包括以下 3 种形式。

（1）梯度的利用。例如在烟筒的帮助下，地球表面与具有一定高度的炉子烟筒产生的压力差使炉子中的空气流动。

（2）空间不均匀场的利用。例如为了改善工作条件，工作地点应处于声场强度较低的位置。

（3）场值与标准值的偏差。例如病人脉搏与正常人不同，医生通过分析这种不同为病人看病。

4.2.4 导出资源

1. 导出资源概述

通过某种交换使不能利用或原本没有的资源成为可利用的资源，这种可利用的资源称为导出资源。原材料、废弃物、空气、水等经过处理和变换都可能用于产品设计中，从而变成有用的资源。

2 导出资源类型

导出资源类型与直接资源类型相同，区别是直接资源往往很容易就能够得到并被利用，而导出资源需要通过发掘、处理才能找到并被利用。寻找方式在直接资源部分已经介绍。

4.3 资源分析与利用

4.3.1 资源分析的流程

资源分析的流程如图 4-16 所示，首先要明确设计的需求是什么，也就是要解决什么问题。然后对设计的系统进行功能分析，明确相关组件之间的相互关系。接着应用因果分析法、进化资源分析法、九窗口分析法等从子系统、超系统中寻找资源，并将寻找到的资源根据前面的分类方法进行分类列表，最后遵循相应的资源利用应用原则选择和应用资源。

图 4-16　资源分析流程

4.3.2 资源分析的方法

1. 因果分析法

利用因果分析法进行资源分析，主要是针对各级影响因素，分析寻找解决系统问题所需要的资源。因果分析法将在第六章中详细介绍。

2 进化资源分析法

在 TRIZ 中，进行资源分析时可以根据进化资源分析法进行分析。首先，在当前系统中寻找资源，分析当前系统的当前状态、上一状态以及潜力状态，分别在不同状态中寻找分析资源，搜索所需资源。然后，进一步分析系统的子系统、超系统的上述三个状态，在不同状态中寻找解决问题的资源，如图 4-17 所示。

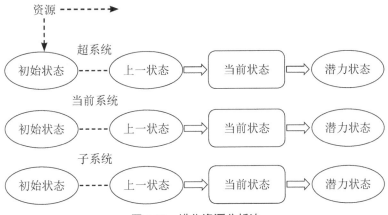

图 4-17　进化资源分析法

3. 九屏幕分析法

九屏幕分析法在上一章已经详细介绍过，简单来说就是将问题在层级、时间维度上展开，在不同维度寻找资源。

4.3.3 资源列表

利用上述方法分析找到资源后，对资源进行分类列表，如表 4-4 所示。

表 4-4　资源分类表

资源位置	资源名称	类别	可用性
内部资源		物质	强可用
		空间	弱可用
		时间	强可用
		功能	弱可用
外部资源		物质	强可用
		空间	弱可用
		时间	强可用
		功能	弱可用

4.3.4 资源的利用

1. 资源搜索的原则

资源在搜索过程中要遵循以下三个原则：第一，最小的资源消耗；第二，首先应用系统内部资源，其次使用系统外部资源，如果找不到合适资源，再扩大寻找范围；第三，在寻找资源时要尽可能扩大资源的搜索范围，以找到合适的解决问题的资源，如图 4-18 所示。

图 4-18　资源搜索原则

2. 资源的可利用性分析

（1）资源的数量与质量。在利用资源时，资源数量一般出现三种情况：资源不足、资源充足、资源过剩。资源质量也有三种情况：有用资源、不确定资源、有害资源。

（2）资源的价值与应用方式。资源的价值主要包括三种：昂贵的资源、便宜的资源和免费的资源。如果在可用资源都能解决问题的情况下，从成本与效益角度考虑，肯定要选择免费的资源。在直接应用资源、差动资源和导出资源都可以利用时，和前面情况一样，要考虑相应资源的成本，包括时间成本等。

利用上述资源分析过程如果没有找到可以解决系统问题的资源，需要再次确认目标问题的准确性。

第5章 功 能 分 析

产品是功能的载体，功能是产品的核心和本质，因此，功能是产品创新的出发点和落脚点。功能分析是 TRIZ 众多问题分析和解决工具的基础，在使用 TRIZ 解决问题时，使用功能的语言来描述问题，会使解决问题的过程有所简化。

5.1 功能的概念与分类

炎热的夏季，一个商店里。

顾客："今天真是太热了，请问有扇子吗？"

店员："对不起先生，我们没有扇子，不过我们有手持的小风扇，有电动的，有手动的，您需要吗？"

顾客："可以可以！"

愉快地成交。

在上述情景中，店家并没有顾客需要的东西，但他们会推荐给顾客功能相似的产品。顾客或许并非真正需要某个具体产品，而是需要产品所具备的功能，所以当有相同功能的替代产品时，也能满足顾客的需求。

5.1.1 功能的描述

19 世纪 40 年代，美国通用电气公司的工程师迈尔斯首先提出功能（function）的概念，并把它作为价值工程研究的核心问题。他将功能定义为"起作用的特性"，顾客买的不是产品本身，而是产品的功能。自此"功能"思想成为设计理论与方法中最重要的概念，功能分析（functional analysis）也起源于此。

在 TRIZ 中，功能是对产品或技术系统特定工作能力抽象化的描述，它与产品的用途、能力、性能等概念不尽相同。功能一般用"动词 + 名词"的形式来表达，动词（主动动词）表示产品所完成的一个操作，名词代表被操作的对象，是可测量的，如分离枝叶、照明路面。由于在 TRIZ 中，系统中的物体被称为组件，因此也可将功能统一地描述为：一个组件改变或保持了另外一个组件的某个参数的行为。根据功能的定义，功能可使用公式化方式对功能进行描述：

$$功能 = 动作 + 对象（参数）= V + O（P）$$

其中，参数是隐藏因素，可以不做表述。在使用"动词 + 名词"方式描述功能时，对动作载体组件进行了省略，有助于逃脱惯性思维的输入，动作受体组件我们也称之为制品。

当不描述参数时，功能也可以用图形来进行表示，如图 5-1 所示。

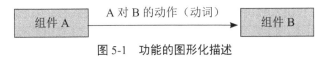

图 5-1　功能的图形化描述

在对功能进行描述时，我们要注意以下几项原则，避免对功能的错误描述。

（1）功能的载体与受体必须是组件，即物质或场，不能是组件的参数。

物质和场在第 4 章中已详细介绍，组件参数为温度、长度、高度等可以评价的参数。例如，制冷空调的功能为制冷空气（物质），改变空气的温度（参数），而不能说空调的功能是调节温度。

（2）功能的载体与受体之间必须有相互作用，即二者必须相互接触。

在这里，接触并不只是指物体表面的触碰，当两物质之间存在场并通过场发生相互作用时，也属于相互接触。例如，两个人谈话，虽然没有直接接触，但二者间存在声场，因此也存在相互作用。

（3）功能受体至少有一个参数由于作用发生了改变或保持不变。

功能描述应能体现功能载体通过动作改变或保持了功能受体的某个参数。例如，常见的焊工防护面罩（见图 5-2），我们对它的功能描述一般是保护面部或保护眼睛。这样在后续的研究中，我们的重点就会聚焦在它是如何保护面部或眼睛的。但由于面部或眼睛的参数并未发生变化，这样在分析中就难以把握重点，因此这样描述面罩的功能是不合适的。按照上述规则，面罩的功能应为抵挡飞溅物或有害光线，面罩改变了飞溅物的运动方向和有害光线的强度，这样便于在后续分析时，将重点聚焦在如何更有效地抵挡飞溅物或有害光线。

图 5-2　电焊

（4）禁止使用"不"，应利用否定动词替代。

在功能描述中，用否定动词来替代"不"，这样能更清晰地体现出动作原理。例如，我们平时说陶瓷不能导电，但在描述陶瓷的功能时，应说陶瓷阻碍电流。

功能实现原理的通用性是 TRIZ 的重要发现，可以通过定义功能寻找其他领域或行业已经解决的同类问题。规范地进行功能描述，才能快速、高效、准确地找到同类问题，进而根据其解决方式类别解决自己遇到的问题。

在功能描述时，常用的动词可参考表 5-1。对功能的描述应该有利于打开设计人员的设计思路，描述越抽象，越能促使设计人员开动脑筋，寻求种种可能实现功能的方法。

表 5-1　常用的可用于描述功能的动词

吸收	吸附	生成	控制
挡住	折射	移动	保持
加热	冷却	蒸发 / 汽化	支撑
分解	去除	粉碎	切割

5.1.2 功能的分类

按照系统功能的主次可以分为：主要功能、附加功能和潜在功能。

（1）主要功能。通常情况下，一个系统的功能可能有许多个，将实现这个系统设计最初目的的功能称为主要功能。产品主要功能的正常实现是客户对产品的最低要求。从本质上讲，与其说顾客购买的是产品，不如说顾客购买的是产品的功能，而这个功能就是主要功能。例如，在本章开头的例子，顾客原本要购买扇子，但是最后却买了手持小风扇，原因就是顾客要买的是扇子可以使空气流动形成风的这个主要功能，而手持小风扇也具备这样的功能。

（2）附加功能。附加功能是赋予对象新的应用功能，一般与主要功能无关。如汽车的主要功能是移动人或物，在汽车上加装音响、空调等配件，增加了汽车的辅助功能。附加功能有"锦上添花"之意，产品附加功能的实现程度可以较低，对客户满意度的影响较小。所以各品牌系列汽车往往存在高、中、低配不同型号，主要区别就在于附加功能的实现程度差异。但是，当附加功能实现程度达到市场中同功能产品的性能时，附加功能可能就会转变为主要功能。例如：手机引入的照相功能在早期就是附加功能，但当手机的拍照性能接近或达到市场中数码相机的性能时，手机就会替代数码相机，那么手机的拍照功能也变成了主要功能。

（3）潜在功能。潜在功能是指技术系统并不总按照指定用途使用，而是执行了即时功能。例如在紧急时刻，警察将汽车横置在路口作为路障，阻挡其他车辆的通行。潜在功能往往是在特殊场合临时发挥作用的，人们对此功能的要求不高。

按照在系统中组件所起作用的好坏（功能类别）可以将功能分为：有用功能和有害功能。

有用功能为技术系统中所期望的功能，而有害功能为不期望的功能。例如，灯泡的功能是提供光源，这是我们所期望的功能，因此是有用功能；但是灯泡发热会烫伤人，这是我们不期望的功能，因此发热烫人是有害功能。

有害功能是我们所不期望出现的功能，因此系统中若存在有害功能，就要想办法进行消除。对于有用功能，需进一步划分，根据其作用的程度，可以将有用功能分为充分功能、不足功能和过度功能。例如，近视眼镜镜片通过折射光线使眼睛看得清楚的这个功能，是一个有用功能，若度数刚好合适，符合佩戴者近视程度，则该功能为充分功能；假如镜片度数超过佩戴者的需求，佩戴者会出现头晕等症状，则此时该功能为过度功能；假如镜片度数过低，没有达到佩戴者的需求，佩戴者看东西依旧模糊，那么该功能为不足功能。从中不难看出，有用功能中的不足功能和过度功能都不是我们所满意的功能，因此在后续功能分析时，要改善这部分功能。

按照功能的作用对象（功能等级）可分为：基本功能、附加功能和辅助功能。

（1）基本功能。基本功能是组件对系统作用对象的功能，是保证完成主要功能的组件功能，是系统中级别最高的功能。

（2）附加功能。附加功能与前述相比，描述的角度稍有不同，指功能作用对象为超系统组件。在完成产品主要功能后，通过提升附加功能改善客户使用产品的用户体验。也就是说，原系统中的组件通过改善超系统中其他的组件，提升用户产品满意度。例如在汽车上安装空调，使汽车在移动用户的同时，改变用户环境的温度，提升用户的舒适度。附加功能的功能级别居中。

（3）辅助功能。辅助功能是组件对系统中其他组件的功能，它的功能级别最低。为实现技术系统的基本功能，各组件间需相互作用，即组件的辅助功能，该组件的辅助功能可能由别的组件所替代，故是裁剪中优先考虑裁剪的对象。

综上，功能的分类如图 5-3 所示。

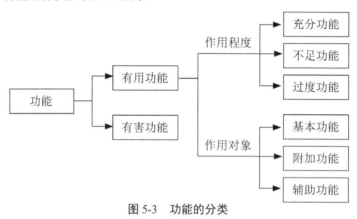

图 5-3　功能的分类

5.2 功能分析

功能分析的主要目的是将抽象的系统具体化，以便于设计者了解产品所需具备的功能与特征。通过定义与描述系统元件所需具备的功能，以及元件之间或与外界环境的相互作用来分析整个系统，最终利用规范的图形化描述建立系统的功能模型，协助设计人员化繁为简，合理地进行创新设计。

系统进行功能分析主要包含以下步骤：

（1）组件层次分析。

（2）组件间作用分析。

（3）功能模型的建立。

5.2.1　组件层次分析

针对一个工程问题或技术系统，组件层次分析能帮我们认识和梳理整个技术系统的结构。对于一个技术系统的功能模型，我们按组件的层次将其分为三类。

1. 制品

制品即技术系统的作用对象，是基本功能实现的功能受体，在功能模型中以椭圆形表示，如图 5-4 所示。制品属于超系统，不能随意变动。

图 5-4　功能模型图标

2. 系统组件

系统组件是技术系统的组成分子，也可以被视为是技术系统的子系统。如一个产品的组成零件，小到齿轮、螺母，大至一个由许多零件组成的系统，都可以认为是一个系统组件。组件划分太细，会导致组件过多，功能模型过于复杂，不便于分析；组件过少，问题根源难以在功能模型中体现，故组件的划分层次是根据具体工程问题确定的，要选择合适的组件层次。一般而言，功能模型中组件不易超过 10 个，当组件偏少时，可以将问题发生区域进一步细分，便于功能模型的建立。系统组件一般用矩形表示。

3. 超系统组件

在之前的介绍中，技术系统实现功能时，需要与系统外部环境发生交互，即需要与超系统发生相互作用，我们将发生作用的超系统因素称为超系统组件，用六边形来表示。超系统组件会影响整个系统的运行，但设计者很难针对该类要素进行改进。超系统组件具有以下特点。

（1）超系统组件不能删除或重新设计。

（2）超系统组件可能使工程系统出现问题。

（3）超系统组件可以作为工程系统的资源，也可以作为解决问题的工具。

（4）只列出对系统有影响的超系统组件。

在分析完制品、系统组件、超系统组件后，可将相关组件列入组件列表中，如表 5-2 所示，便于后续分析。

表 5-2　组件列表

制　品	
系统组件	
超系统组件	

例如，眼镜作为一个技术系统，其功能是折射光线。眼镜由镜片、镜框、镜腿组成，镜框由鼻架和镜片框组成，镜腿由金属杆和塑料套组成。在建立眼镜的功能模型时，我们可以将镜框和镜腿分别视为一个整体，光线是系统作用的对象，而眼睛、耳朵、鼻子又在眼镜工作中发生作用，将各组件填入组件列表，如表 5-3 所示。

表 5-3　眼镜组件列表

制品	光线		
系统组件	镜片	镜框	镜腿
超系统组件	耳朵	鼻子	眼睛

5.2.2　组件间作用分析

在完成组件分析后，针对系统中所列出的组件，判断任意两组件之间是否存在相互作用，以便于后续建立功能模型。为将组件间作用关系清晰体现，可填写组件间作用矩阵列表，存在相互作用的用"+"来表示，不存在相互作用的用"−"来表示，如表 5-4 所示。

表 5-4　组件间作用矩阵

组件	组件 1	组件 2	组件 3	…	
组件 1		+	−		
组件 2	+				
组件 3	−				
…					

完成组件间作用矩阵列表后，进行检查。如果某组件没有与其他组件发生相互作用，进而不会发生功能，即可将该组件删除。此外，矩阵应呈现关于对角线对称的布局，可以据此判断是否有遗漏或错误。要注意的是，接触的两组件一般存在相互作用，但没有接触的组件间要注意是否存在场接触；另外，组件间有相互作用并不代表二者一定存在功能，进行功能分析时要根据实际情况进行判断。

以上述眼镜为例，对各组件进行组件间作用分析，建立组件间作用矩阵列表，如表 5-5 所示。

表 5-5　眼镜的组件间作用矩阵

	镜片	镜框	镜腿	眼睛	鼻子	耳朵	光线
镜片		+	−	−	−	−	+
镜框	+		+	−	+	−	−
镜腿	−	+		−	−	+	−
眼睛	−	−	−		−	−	+
鼻子	−	+	−	−		−	−
耳朵	−	−	+	−	−		−
光线	+	−	−	+	−	−	

5.2.3 建立功能模型

建立功能模型，是用规范化图形来对系统的功能进行描述，用于分析组件间相互作用。具体包括以下步骤。

1. 功能分析

根据功能描述的原则，判断组件间的相互作用是否存在功能。

当组件间有功能作用时，明确功能载体和功能受体，并判断出功能的类别与级别，可填入表 5-6 中。

表 5-6　系统功能列表

功能载体	功能	功能受体	功能等级			功能类别			
			基本功能	附加功能	辅助功能	标准	不足	过度	有害

对于上述眼镜例题，其系统功能列表如表 5-7 所示。

表 5-7　眼镜系统的功能列表

功能描述	功能载体	功能	功能受体	功能等级	功能类别
镜片折射光线	镜片	折射	光线	基本功能	标准
镜框支撑镜片	镜框	支撑	镜片	辅助功能	标准
鼻子支撑镜框	鼻子	支撑	镜框	辅助功能	标准
镜框挤压鼻子	镜框	挤压	鼻子	附加功能	有害
镜腿支撑镜框	镜腿	支撑	镜框	辅助功能	标准
耳朵支撑镜腿	耳朵	支撑	镜腿	辅助功能	标准
镜腿挤压耳朵	镜腿	挤压	耳朵	附加功能	有害

2. 图形化表示

在功能的图形化描述中，箭头的指向反映了功能的载体与受体，组件的层次可以通过外框来表示。可以用箭头的外形表示功能类别：对于标准作用，使用直线箭头表示；对于有害作用，使用曲线箭头表示；对于不足作用，使用虚线箭头表示；对于过度作用，使用空心或加粗箭头表示。如图 5-5 所示。

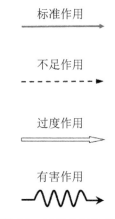

图 5-5　功能类别的表示

对上述眼镜例题，按照表 5-7 绘制眼镜系统的功能模型，如图 5-6 所示。

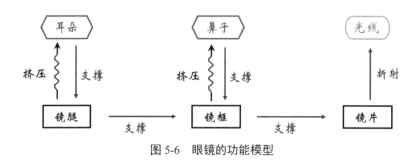

图 5-6　眼镜的功能模型

5.3 功能分析案例

5.3.1 油漆罐装系统

1. 工程背景介绍

油漆灌装系统常用于零件或产品自动涂漆生产线，其示意图如图 5-7 所示。工作原理：零件通过吊装装置在油漆箱中涂漆，油漆箱中油漆量的控制，是通过浮标带动杠杆运动，控制电机开关的闭合和断开，从而控制泵将油漆从油漆桶注入油漆箱内。例如，油漆箱内液面低于一定水平时，浮标下降带动杠杆使开关闭合从而接通电机控制系统将油漆桶中的油漆注入油漆箱内；反之，当油漆箱内液面达到一定水平时，浮标上升带动杠杆使开关断开，电机断电，终止泵注入油漆的动作。

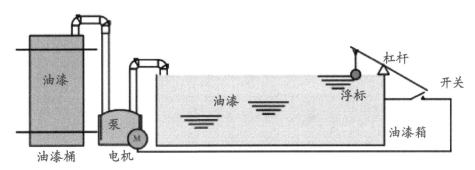

图 5-7　油漆罐装系统示意图

在该系统使用一段时间后，由于长时间暴露在空气中，油漆会固化黏附在浮标上，造成浮标过重无法浮起，使开关持续接通，电机带动泵持续向油漆箱中注入油漆，最后导致油漆的溢出。

2. 组件层次分析

进行组件层次分析，首先划分出制品、系统组件和超系统组件。该系统是将油漆从油漆桶移动到油漆箱中，系统的功能是移动油漆，故油漆是系统的制品。油漆灌装系统中各组件为系统组件，与之相关的外部环境组件构成超系统组件，如表5-8所示。

表 5-8　油漆罐装系统组件列表

技术系统	系统组件	超系统组件	制品
油漆灌装系统	泵	空气	油漆
	油漆桶	零件	
	电机		
	油漆箱		
	浮标		
	杠杆		
	开关		

3. 组件间作用分析

针对系统中所列出的组件，判断任意两组件间是否存在相互作用，建立组件间作用矩阵列表，如表5-9所示。

表 5-9　油漆罐装系统组件间作用矩阵

组件	浮标	杠杆	开关	电机	泵	油漆桶	油漆	油漆箱	零件	空气
浮标		+	−	−	−		+			+
杠杆	+		+	−	−			+	−	+
开关	−	+			+			+		+
电机	−	−	+		+					+
泵			+	+		+	+			+
油漆桶	−		−		+		+			+
油漆	+			+	+			+	+	+
油漆箱		+	+				+			+
零件	−	−	−	−	−		+	−		+
空气	+	+	+	+	+	+	+	+	+	

4. 功能模型的建立

对表 5-9 存在相互作用的组件进行功能分析后，建立系统功能列表，如表 5-10 所示。

表 5-10　油漆罐装系统功能列表

功能载体	功能	功能受体	功能级别			功能类别			
			基本功能	附加功能	辅助功能	标准	不足	过度	有害
浮标	移动	杠杆			✓	✓			
浮标	黏附	油漆							✓
杠杆	支撑	浮标			✓	✓			
杠杆	控制	开关			✓		✓		
开关	控制	电机			✓		✓		
电机	驱动	泵			✓		✓		
泵	移动	油漆	✓				✓		
油漆桶	容纳	油漆	✓			✓			
油漆	移动	浮标			✓		✓		
油漆箱	容纳	油漆	✓				✓		
油漆箱	支撑	杠杆			✓	✓			
油漆箱	支撑	开关			✓	✓			
油漆	涂装	零件			✓	✓			
空气	固化	油漆							✓

利用规范化要求，将表 5-10 用图形表示出来，建立系统功能模型，如图 5-8 所示。

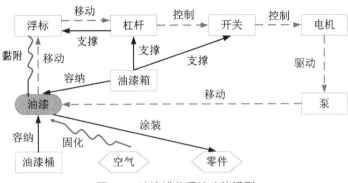

图 5-8   油漆罐装系统功能模型

5.3.2 快速切断阀功能分析

1. 工程背景介绍

为了使过剩的高炉煤气得以充分利用，有人开发了一种压差发电装置（TRT）。它利用燃气的高低压力差驱动发电机发电，余留的低压燃气仍可以作为能源应用。TRT 装置中包含一种快速切断阀，该阀是一种蝶型阀，用于发生事故时快速切断高炉煤气，切断过程要求在 0.5 秒内完成。快速切断阀安装在基础支架上，与煤气管道相连。所用液压控制系统通过驱动装有动力弹簧的液压缸，实现快速切断阀的正常速度开启与关闭，并用快速卸压方式，完成阀口的紧急关闭动作。如图 5-9 所示。

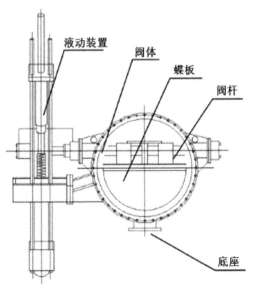

图 5-9   快速切断阀的示意图

2. 组件层次分析

要进行组件分析之前，首先要根据项目实际划分出制品、系统组件和超系统组件，然后才能列出系统组件和超系统组件，如表 5-11 所示。

表 5-11　快速切断阀的组件分析列表

工程系统	系统组件	超系统组件
快速切断阀	液控箱 油箱 油泵 电机 管路 过滤器 液压油 缸筒 活塞 动力弹簧 齿条 齿轮 阀杆 蝶板 阀体 轴承	煤气管道 基础支架 电能 灰尘 高炉煤气

3. 相互作用分析

对表 5-11 中的组件进行组件间作用分析，得到组件间作用矩阵，如表 5-12 所示。

表 5-12　快速切断阀的组件间作用矩阵

元件	液控箱	油箱	油泵	电机	管路	过滤器	液压油	缸筒	活塞	动力弹簧	齿条	齿轮	阀杆	蝶板	阀体	轴承	煤气管道	基础支架	电能	高炉煤气	灰尘
液控箱		−	+	−	+	−	−	−	−	−	−	−	−	−	−	−	−	−	+	−	−
油箱	−		−	−	−	−	+	−	−	−	−	−	−	−	−	−	−	−	−	−	−
油泵	+	−		+	−	−	+	−	−	−	−	−	−	−	−	−	−	−	+	−	−
电机	−	−	+		−	−	−	−	−	−	−	−	−	−	−	−	−	−	+	−	−
管路	+	−	−	−		−	+	−	−	−	−	−	−	−	−	−	−	−	−	−	−
过滤器	−	−	−	−	−		+	−	−	−	−	−	−	−	−	−	−	−	−	−	−
液压油	−	+	+	−	+	+		+	+	−	−	−	−	−	−	−	−	−	−	−	+
缸筒	−	−	−	−	−	−	+		+	−	−	−	−	−	−	−	−	−	−	−	−
活塞	−	−	−	−	−	−	+	+		+	+	−	−	−	−	−	−	−	−	−	−
动力弹簧	−	−	−	−	−	−	−	−	+		−	−	−	−	−	−	−	−	−	−	−
齿条	−	−	−	−	−	−	−	−	+	−		+	−	−	−	−	−	−	−	−	−
齿轮	−	−	−	−	−	−	−	−	−	−	+		+	−	−	−	−	−	−	−	−
阀杆	−	−	−	−	−	−	−	−	−	−	−	+		+	−	+	−	−	−	−	−
蝶板	−	−	−	−	−	−	−	−	−	−	−	−	+		−	−	−	−	−	+	−
阀体	−	−	−	−	−	−	−	−	−	−	−	−	−	−		+	−	−	−	−	−
轴承	−	−	−	−	−	−	−	−	−	−	−	−	+	−	+		−	−	−	−	−
煤气管道	−	−	−	−	−	−	−	−	−	−	−	−	−	−	−	−		+	−	−	−
基础支架	−	−	−	−	−	−	−	−	−	−	−	−	−	−	−	−	+		−	−	−
电能	+	−	+	+	−	−	−	−	−	−	−	−	−	−	−	−	−	−		−	−
高炉煤气	−	−	−	−	−	−	−	−	−	−	−	−	−	+	−	−	−	−	−		+
灰尘	−	−	−	−	−	−	+	−	−	−	−	−	−	−	−	−	−	−	−	+	

4. 功能模型的建立

对组件作用进行功能分析，得到功能列表，如表 5-13 所示。

表 5-13　快速切断阀功能列表

组件	功能描述	功能等级	性能水平
液控箱	液控箱启闭油泵	辅助功能	正常
	液控箱通断管路	辅助功能	正常
	液控箱消耗电能	附加功能	正常
油箱	油箱储存液压油	辅助功能	正常
油泵	油泵驱动液压油	辅助功能	正常
	油泵消耗电能	附加功能	过剩
电机	电机驱动油泵	辅助功能	正常
管路	管路传导液压油	辅助功能	正常
	管路阻碍液压油	有害功能	有害
过滤器	过滤器过滤液压油	辅助功能	正常
	过滤器阻碍液压油	有害功能	有害
液压油	液压油驱动活塞	辅助功能	正常
缸筒	缸筒储存液压油	辅助功能	正常
	缸筒导向活塞	辅助功能	过剩
活塞	活塞驱动齿条	辅助功能	正常
	活塞驱动动力弹簧	辅助功能	正常
动力弹簧	动力弹簧驱动活塞	辅助功能	不足
齿条	齿条转动齿轮	辅助功能	正常
齿轮	齿轮转动阀杆	辅助功能	正常
阀杆	阀杆转动蝶板	辅助功能	正常
蝶板	蝶板调节高炉煤气	基本功能	正常
阀体	阀体支撑轴承	辅助功能	正常
	阀体连接煤气管道	附加功能	正常
轴承	轴承支撑阀杆	辅助功能	正常
基础支架	基础支架支撑阀体	辅助功能	正常
电能	电能驱动电机	辅助功能	正常
	电能驱动液控箱	辅助功能	正常
灰尘	灰尘污染液压油	有害功能	有害

将表 5-13 进行图形化表示，如图 5-10 所示。

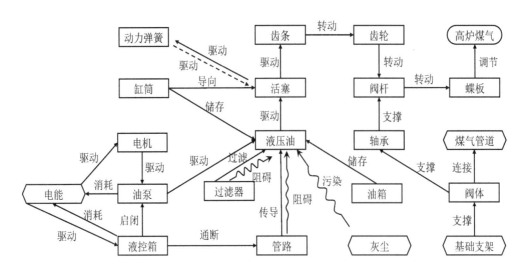

图 5-10　快速切断阀功能模型图

第6章　因　果　分　析

功能分析可以让我们从功能的角度找到技术系统中的功能缺陷，或者发现存在问题的组件。但是源自功能分析得到的已知或者明显的表面缺点往往并不容易解决，更重要的是他们通常不是造成问题的根本原因。

因果分析可以帮助我们进行更加深入的分析，找到潜伏在技术系统中深层的原因。建立起初始问题与各底层问题的逻辑关系，找到更多解决问题的突破口。

6.1 因果分析概述

6.1.1 因果分析概述

因果分析是全面识别技术系统问题的分析工具，可以挖掘出隐藏于初始问题背后的问题。因果分析就是对出现的问题不断地进行提问，找到造成问题出现的原因，直到找出根本原因。将问题与原因连接起来，就像一条条的链条，故也称为因果链。引用一个欧洲的小故事来简明地介绍一下因果链。

传说一个国家灭亡了。

为什么灭亡了呢？因为一场战役失败了。

为什么战役失败了呢？因为国王没有打好这场仗。

为什么国王没有打好这场仗？因为国王的战马倒下了。

为什么国王的战马倒下了？因为战马掉了一个马掌。

为什么战马掉了一个马掌？因为钉马掌时少钉了一颗钉子。

虽然这个故事有些极端，但我们可以看出，一场非常大的灾难竟是由一些被忽视的微不足道的小事造成的。如果我们找到了造成问题的根本原因，那么解决方案也是显而易见的，一切问题也会迎刃而解。

通过因果分析可得到一系列的问题，有些容易解决，有些不容易解决。我们可以从那些容易解决的问题入手，这样解决问题的过程就会变得相对简单。我们找到的问题越多，可以选择的解决方案也会越多。所以。使用因果分析有一个重要特点就是转换问题，也就是不去解决最开始遇到的初始问题，而是通过因果分析找到藏于背后的一系列问题，并从容易的问题入手加以解决。

6.1.2 问题与原因的种类

因果链是由一个个有逻辑因果关系的问题连接而成的链条，其中每一个问题都是前面的原因造成的结果，同时它又是造成后面问题的原因。我们将因果链中一系列的原因与问题进行分类，可包括以下几种。

1. 初始问题

初始问题是技术系统中问题的表现，如若系统的目标是提高效率，那么初始问题就是效率太低；若系统的目标是降低成本，那么初始问题便是成本太高。在前面提到的油漆罐装系统油漆溢出的案例中，油漆溢出就是油漆灌装系统的初始问题。

2. 直接原因

直接原因是导致初始问题发生的最直接的因素，而不是间接因素，在进行因果分析时要避免跳过直接原因。例如，造成油漆溢出的最直接原因应是油漆过多或油漆箱过小。

3. 中间原因

中间原因是指介于直接原因和根本原因之间的原因，因果链中每一层的中间原因，既是上一层级的原因，也是下一层级原因所导致的结果，如图 6-1 所示。如上述故事中，中间原因"国王的战马倒下了"既是上一层级"为什么国王没有打好这场仗"的原因，也是下一层级"因为战马掉了一个马掌"这一原因产生的结果。

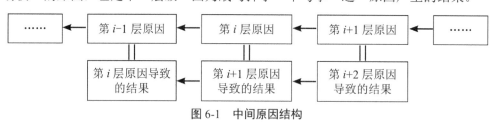

图 6-1　中间原因结构

分析中间原因要注意上下层原因的确定，要根据合理的因果逻辑关系，循序渐进，寻找产生上一层原因出现的最直接原因，而不是间接原因，避免跳跃。如果跳跃过大，可能会损失大量解决问题的机会。

有时候造成问题出现的因素可能有很多个，可以利用 and、or 以及 combine 运算符来表示。

（1）and 代表"与"，表示下层几个原因同时作用，从而造成问题的出现。例如着火需要三个因素：可燃物、氧气、温度达到燃点，缺一不可，三者共同作用造成了着火，它们之间的关系可用图 6-2 表示。如果想解决着火这层级的问题，只需要去掉下一层级中的任意一个原因即可。也就是说，当由 and 连接的原因共同作用而导致的问题，只需消除其中任何一个原因即可解决。

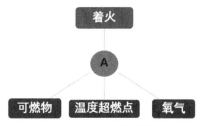

图 6-2　and 关系表达图示

（2）or 代表"或"，表示下层的几个原因，均可以造成问题结果的出现。如饮水被污染，可能是由于水源被污染、管道被污染，也有可能是盛水的容器被污染。它们的关系可以用图 6-3 表示。如果要解决饮水污染问题，需要将水源、管道与容器的污染同时去除。也就是说，当由 or 连接的每一个原因都可能导致问题产生时，需要将原因全部消除才可解决问题。

图 6-3　or 关系表达图示

（3）combine 代表"结合"，表示下层的几个原因共同作用，并且达到一定程度后，才会造成问题的出现。例如，惯性力＝质量 × 加速度，由二者共同作用产生惯性力，如图 6-4 所示。如果需要控制惯性力时，可以通过将质量和惯性力任一或共同控制到允许的范围内即可避免问题的发生。也就是说，当由 combine 连接的每一个原因综合产生的问题，可控制一个或多个原因以解决问题。

图 6-4　combine 关系表达图示

4. 末端原因

理论上来说，因果链是可以无穷无尽地进行原因的探究的，但是对于具体的工程问题，这样无休止地探根究底是没有意义的，因此需要一个终点，也就是因果分析的末端原因。一般来说，达到如下几点就可以终止因果链分析。

（1）物理、化学、生物或者几何等科学领域的极限时。

（2）自然现象。

（3）法律法规、国家或行业标准等的限制时。

（4）不能继续找到下一层原因时。

（5）成本的极限或者人的本性时。

（6）根据技术系统的具体情况，继续深挖下去就会变得与系统无关。

5. 根本原因

在解决问题的过程中，往往会尝试从末端原因入手解决问题，如果能够消除末端原因，那么所有的问题都迎刃而解。但是若末端原因无法轻易消除，应找到比较容易解决的中间原因并寻求办法进行消除，易解决的中间原因称为关键原因或根本原因，关键原因具有的可控性、可操作性、易消除等特点，且一旦消除，类似问题将不会再出现。因此，通过消除根本原因（关键原因）可以达到解决系统初始问题、优化系统的目的。

6.2 因果分析的常用方法

6.2.1 5-why 分析法

丰田公司的大野耐一在一次新闻发布会上的谈话首次提出 5-why 分析法，他提到丰田汽车质量好是由于遇到问题时他总会至少问 5 个为什么，直到技术人员的回答令他满意，也令技术人员心里明白为止，该方法的流程如图 6-5 所示。本章开头的欧洲的小故事，通过不断提出"为什么"寻找到根本原因，就是 5-why 分析法最典型的例子。

5-why 分析法通过不断提问"为什么"可以挖掘隐藏于初始问题背后的一系列原因，直到找出根本原因，从而找到解决问题的突破口。例如，有一幢大楼着火了，为什么大楼会着火呢？是因为电线燃烧。为什么电线会燃烧呢？是因为电线升温。为什么电线会升温呢？是因为电流增加。为什么电流会增加呢？是因为电路短路。为什么电路会短路呢？是因为空调使用过多。为什么空调使用过多呢？是因为室内太热。为什么室内太热呢？是因为没有通风装置。通过连续提问为什么，我们不难看出，避免大楼出现火灾的方法不是当使用空调过多时就切断电源、避免电线燃烧，而是应该安装通风装置，解决根本原因。

为什么机器停了？

因为超负荷、保险丝断了。

为什么超负荷呢？

因为轴承的润滑不够。

为什么润滑不够？

因为润滑泵吸不上油来。

为什么吸不上油来？

因为油泵轴磨损、松动了。

为什么磨损了？

因为没有安装过滤器，混进了铁屑等杂质。

图 6-5　5-why 分析法流程

5-why 分析法是一种诊断性技术，能帮助我们找到和识别出产生问题的因果链条，使用该方法要注意以下几点。

（1）恰当地定义初始问题，尽量用简洁的语言来描述。

（2）不断地提问"为什么"，不限制提问次数，直到没有更合理的理由为止。

（3）每次回答的理由应是可控的、客观的，并且能够从回答中找到进一步探索问题的方向。

6.2.2 鱼骨图分析法

鱼骨图分析法共有 3 种类型：整理问题型、原因型、对策型。其中以原因型最为常用，鱼头在右，从人员、机器、材料、方法、测量和环境 6 个方面去寻找问题发生的根本原因。原因型的鱼骨分析法流程，如图 6-6 所示。

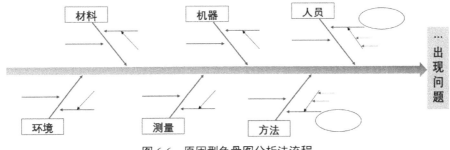

图 6-6　原因型鱼骨图分析法流程

鱼骨图分析法是将问题画作鱼头并画出主骨；大的要因画作主骨，小的要因画作中骨和小骨。根据上述 6 个方面，从 6 个角度来追究原因时，可以采用头脑风暴法或 5-why 分析法作为引导的工具，不做任何限制，但是应聚焦于问题产生的原因，而不是问题的症状表现和不同的个人观点。

常用的因果链分析法还有因果轴分析法、故障树分析法等多种，在此不再赘述。本书将重点介绍基于功能模型的因果链分析方法，该方法能够更加系统、高效地指导我们确定直接原因并找到所有可能的原因。

6.3 基于功能模型的因果链分析方法

6.3.1 基于功能模型的因果链分析法流程

基于功能模型进行因果链分析，通过分析功能三元件属性，找到因果链中每一层级的关键原因，寻求解决方法，以达到系统优化的目的，具体步骤如下。

（1）建立系统的功能模型，列出系统中所存在的初始问题。

（2）根据功能模型，找出导致初始问题的功能三元件（功能载体、功能受体及具体的作用）。

（3）分析三元件属性，找到导致问题产生的直接原因，利用 or、and 和 combine 将这些原因根据不同属性连接起来。

（4）基于功能模型，逐级分析功能三元件属性，重复步骤（2）和步骤（3），建立完整的因果链分析图。

（5）对比功能模型，检查各层级原因是否被包含其中。

（6）根据实际技术系统要求，找到因果链分析图中的关键原因，将关键原因转化为关键问题，然后寻找可能的解决方案，并列入表 6-1 中，通过综合对比找出最佳的解决方案。

表 6-1　因果链分析结果

备选关键原因	可采取的措施	可控性及改变难度

6.3.2 案例分析

在第 5 章的案例 1 中，我们运用功能分析建立了油漆溢出问题的功能模型，现利用因果链分析方法对此案例进行分析。

（1）建立该技术的功能模型，如图 6-7 所示。明确该技术系统的初始问题是油漆溢出。

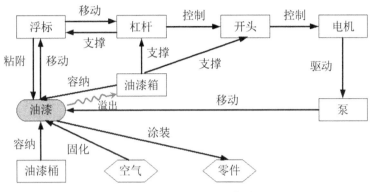

图 6-7　油漆溢出功能模型

（2）与初始问题油漆溢出直接相关的元件为浮标、油漆箱、泵、油漆桶、空气、零件，经过分析可以排除浮标、油漆桶、空气、零件等原因，那么与初始问题相关的功能三元件为油漆箱容纳油漆、泵移动油漆，如图 6-8 所示。

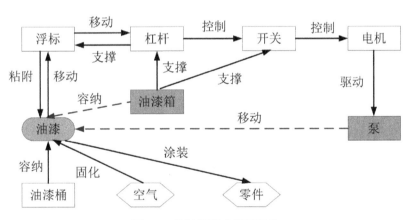

图 6-8　初始问题功能三元件

（3）分析三元件属性。

油漆箱容纳油漆（油漆溢出）：

①油漆：油漆溢出；

②容纳：容纳空间不够——油漆箱过小；

③油漆箱：体积过小。

属性分析如图 6-9 所示。

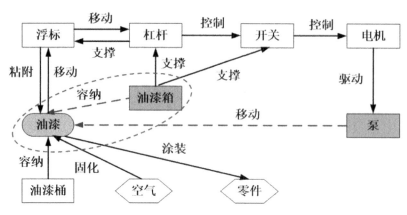

图 6-9　油漆箱 - 油漆功能属性分析

泵移动油漆（油漆溢出）：

①油漆：移入油漆过多；

②移动：移动量没有得到有效控制；

③泵：泵没有受到准确的驱动力。

属性分析如图 6-10 所示。

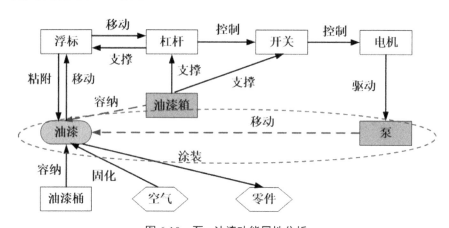

图 6-10　泵 - 油漆功能属性分析

（4）逐级进行功能三元件属性分析，可以看出油漆箱元件下一层级可以排除，进行泵的下一层级的分析。

电机驱动泵（泵没有受到准确的驱动力）：

①泵：泵的参数——体积大；

②驱动：电机没有有效控制泵；

③电机：电机接收控制信号不准确。

属性分析如图 6-11 所示。

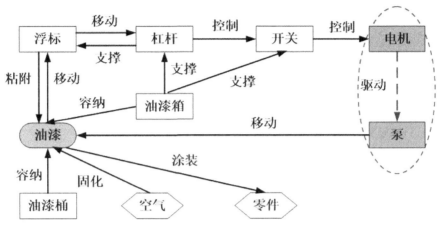

图 6-11　电机 - 泵功能属性分析

开关控制电机（电机接收控制信号不准确）：

①电机：电机接收控制信号不准确；

②控制：开关对电机的控制信号不准确；

③开关：开关所受控制信号不准确。

属性分析如图 6-12 所示。

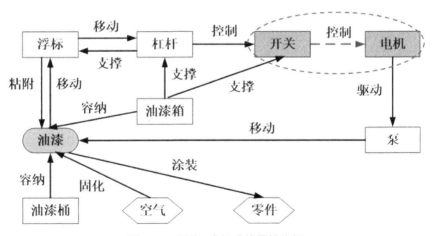

图 6-12　开关 - 电机功能属性分析

杠杆控制开关（开关所受控制信号不准确）：

①开关：开关所受控制信号不准确；

②控制：杠杆发出控制信号不及时；

③杠杆：杠杆没有被准确移动。

属性分析如图 6-13 所示。

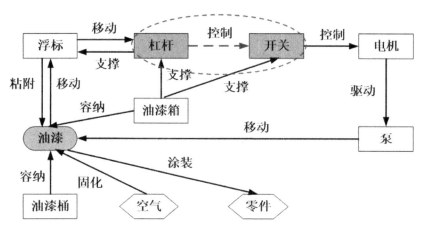

图 6-13　杠杆 - 开关功能属性分析

浮标移动杠杆（杠杆没有被准确移动）：

①杠杆：杠杆过重——杠杆的材料和属性；

②移动：浮标没有及时移动杠杆；

③浮标：浮标没有上浮。

属性分析如图 6-14 所示。

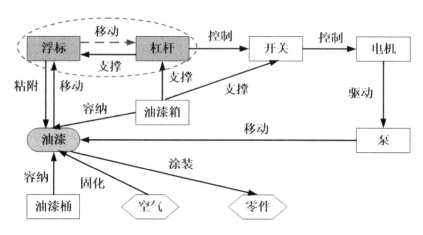

图 6-14　浮标 - 杠杆功能属性分析

油漆移动浮标（浮标没有上浮）：

①浮标：浮标粘附油漆过多→浮标表面特性→浮标表面粗糙；

②移动：油漆对浮标移动力不足；

③油漆：空气固化油漆。

属性分析如图 6-15 所示。

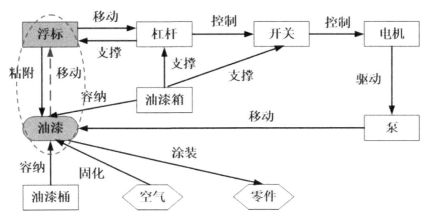

图 6-15　浮标 - 油漆功能属性分析

空气固化油漆（空气固化油漆）：

①油漆：油漆中的溶剂挥发→溶剂易挥发；

②固化；

③空气：空气干燥、温度太高。

属性分析如图 6-16 所示。

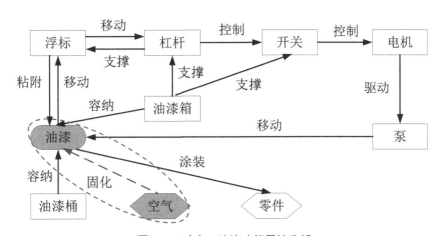

图 6-16　空气 - 油漆功能属性分析

（5）建立完整的因果链分析图，如图 6-17 所示。

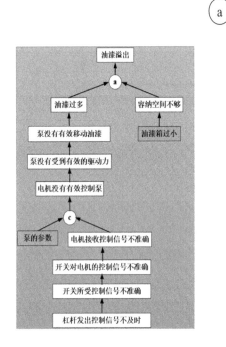
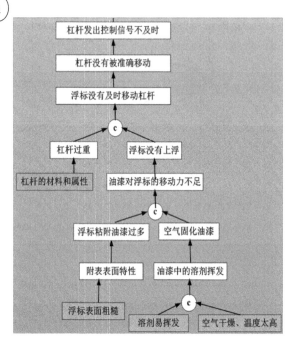

图 6-17 油漆溢出因果链分析图

（6）找出因果链分析图中的关键原因，在图 6-17 中标出，将关键原因转化为关键问题，并给出相应的解决方案，如表 6-2 所示。

表 6-2 油漆溢出因果链分析结果

备选关键原因	可采取措施	可控性及改变难度
油漆箱太小	改变尺寸	需考虑空间是否允许
泵的参数	改变泵的参数	需重新设计
杠杆的材料	改变杠杆的材料	需重新设计
浮标表面粗糙	在浮标上镀不黏涂层等	经常维护
溶剂易挥发	浮标放置于密闭环境中，防止溶剂挥发	需重新设计油漆箱结构
温度太高	油漆箱周围加空调降低温度	可以操作，难度降低

第 7 章　技术冲突与发明原理

"鱼和熊掌不可兼得",我们的生活中充满了冲突。当我们在某方面受益时,往往需要放弃在其他方面受益。在技术系统中,更是存在很多冲突。例如,我们想让桌子增大以放置更多东西,但是桌子越大也会越重。在传统设计中,往往采用折中法,在允许的重量下尽可能大些,得到折中方案,或称降低冲突的程度,但冲突并没有彻底解决。TRIZ 认为,产品创新的标志是解决或移走设计中的冲突,而产生新的有竞争力的解。设计人员在设计过程中不断地发现并解决冲突以推动产品进化。创新设计要做的工作就是解决改进设计过程中的各种冲突,将主要工作聚焦于"冲突"这一焦点上,最终通过巧妙的方法实现"鱼和熊掌兼得"。

7.1 冲突与技术冲突

7.1.1 冲突及其分类

阿奇舒勒将冲突分为以下 3 类。

1. 管理冲突

管理冲突是指为了避免某些现象的出现或希望获得某些结果,进而需要做一些事情,但不知如何去做。例如希望提高产品质量,降低原材料的成本,但不知具体如何实施。管理冲突揭示的问题,明确了目标与期望。阿奇舒勒认为管理冲突本身具有暂时性,而无启发价值,不属于经典 TRIZ 的研究内容。

2. 技术冲突

技术冲突是指一个作用同时导致有用及有害两种结果,也可指有用作用的引入或有害作用的消除导致一个或几个子系统或系统变坏。技术系统常表现为一个系统中两个子系统之间的冲突。常见的技术冲突包括:

(1) 在一个子系统中引入一个有用功能,导致另一个子系统产生一种有害功能，或加强了已存在的一种有害功能。

（2）消除一种有害功能的同时导致另一个子系统有用功能变坏。

（3）有用功能的加强或有害功能的减少使另一个子系统或系统变得太复杂。

3. 物理冲突

物理冲突是指为了实现某种功能，一个系统或组件应具有一种特性，但同时又需要具有与此特性相反的特性。物理冲突常表现为对同一对象有相反的要求。常见的物理冲突包括：

（1）一个系统中有用功能加强的同时导致该系统中有害功能的加强。

（2）一个系统中有害功能降低的同时导致该系统中有用功能的降低。

以真空吸尘器噪声问题为例，来分析冲突的类型。

管理冲突：真空吸尘器产生大量噪声，如何降低吸尘器的噪声水平呢？

技术冲突1：如果采用更少的阻尼材料，吸尘器功率足够，但噪声水平太高。

技术冲突2：如果增加阻尼材料，噪声水平会降低，但是吸尘器功率不足。

物理冲突：气流不得不小且平稳，以降低噪声；气流不得不大且波动，以提供有效的吸力。即气流既要大又要小，既要平稳又要波动。

在本章中，主要介绍技术冲突及对应的解决方法。

7.1.2 技术冲突的描述

技术系统常表现出一个系统中两个子系统之间的冲突，往往是一个参数改善的同时，另一个参数就会恶化，如图7-1所示。在真空吸尘器噪声问题案例中，减少噪声的同时会降低吸力，而增大吸力又会增加噪声。正是因为冲突的存在，才导致技术问题的复杂性和解决问题的困难性。如果能把这些冲突消除，那么就可以实现"鱼与熊掌兼得"，问题使得以完美解决。

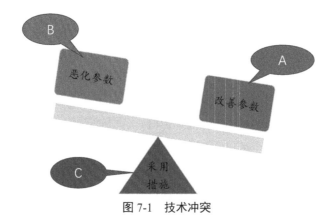

图7-1　技术冲突

对于一个技术冲突问题，通常采用"如果采用某种措施，那么可以实现改进目标，但是会导致不期望的结果"的形式描述，也可通过如表 7-1 的表格形式来描述。

表 7-1　技术冲突的描述

关键词	技术冲突 1	技术冲突 2
如果	常规的解决方案（C）	常规的解决方案（C）
那么	改善参数（A）	改善参数（B）
但是	恶化参数（B）	恶化参数（A）

通常情况下，我们用"如果……那么……但是……"公式来描述技术冲突后（技术冲突 1），还可以用相反解决方案描述另一组技术冲突（技术方案 2）。如果两个技术冲突都成立，说明我们描述的技术冲突是正确的。

对初学者来说，准确确定技术冲突往往会存在困难。我们可以通过以下 5 个步骤确定技术冲突。

（1）这一技术系统存在的目的是什么？

（2）这一技术系统涉及的组件主要有哪些参数？

（3）系统存在的问题？为解决问题，想到的最直接的解决方案是什么，或已有的解决方案是什么？

（4）列出解决方案改善的参数，思考使用该方案会使哪些参数恶化？

（5）把改善与恶化的参数组合，即为技术冲突。技术冲突可能存在多组。

例如，以运输卡车为研究对象（见图 7-2），解决卡车运输效率低的问题。

图 7-2　运输卡车

（1）卡车技术系统存在的目的是运输货物。

（2）主要参数包括：车厢体积、发动机功率、重量、速度、燃油量、道路通过性等。

（3）系统中存在的问题是运输效率低。提升运输效率可以通过增大车厢体积或提升发动机功率来实现。

（4）增大车厢体积改善了体积，但是车厢增大恶化了重量、道路通过性；提升发动机功率改善了功率与速度，但是恶化了燃油量。

（5）组合各组技术冲突，如表 7-2 所示。

表 7-2　运输卡车的技术冲突

技术冲突序号	改善参数	恶化参数
1	车厢体积	重量
2	车厢体积	道路通过性
3	发动机功率	燃油量
4	速度	燃油量

7.2 通用工程参数

对于冲突的描述，如果我们用非常具体的产品或技术系统参数来描述，就会发现涉及的参数太多了，建立 TRIZ 模型描述这些问题时，就会非常复杂，无法操作。通过对大量专利的详细研究，阿奇舒勒提出用 39 个通用工程参数来描述技术系统，定义冲突，并对通用工程参数进行了编号，见表 7-3。通用工程参数的使用，使通用化、标准化的冲突描述形式成为可能，便于创新设计人员的交流和研究，促进产品的创新与研发。

表 7-3　通用工程参数

编号	名称	解释
1	运动物体的重量	重力场中的运动物体，作用在防止其自由下落的悬架或水平支架上的力，重量常常表示物体的质量
2	静止物体的重量	重力场中的静止物体，作用在防止其自由下落的悬架、水平支架上或者放置该物体的表面上的力，重量常常表示物体的质量
3	运动物体的长度	运动物体卜的任意线性尺寸，不一定是最长的长度。它不仅可以是一个系统的两个几何点或零件之间的距离，而且可以是一条曲线的长度或一个封装环的周长
4	静止物体的长度	静止物体上的任意线性尺寸，不一定是最长的长度。它不仅可以是一个系统的两个几何点或零件之间的距离，而且可以是一条曲线的长度或一个封装环的周长
5	运动物体的面积	运动物体被线条封闭的一部分或者表面的几何度量，运动物体内部或者外部表面的几何度量。面积是面图形的个数来度量的，如面积不仅可以是轮廓的面积，也可以是三维表面的面积，或一个三有平面、凸面或凹面的面积之和
6	静止物体的面积	静止物体被线条封闭的一部分或者表面的几何度量，静止物体内部或者外部表面的几何度量。面积是面图形的个数来度量的，如面积不仅可以是轮廓的面积，也可以是三维表面的面积，或一个三有平面、凸面或凹面的面积之和

（续表）

编号	名称	解释
7	运动物体的体积	以填充运动物体或者运动物体占用的单位立方体量。体积不仅可以是三维物体的体积，也可以是具有给定厚度的一个层的体积
8	静止物体的体积	以填充静止物体或者静止物体占用的单位立方体量。体积不仅可以是三维物体的体积，也可以是具有给定厚度的一个层的体积
9	速度	物体的速度或者效率，或者过程、作用与时间之比
10	力	物体（或系统）间相互作用的度量。在牛顿力学量中，力是质量与加速度之积，在萃智中力是试图改变物体状态的任何作用
11	应力、压强	单位面积上的作用力，也包括张力。例如，房屋作用于地面上的力，液体作用于容器壁上的力，气体作用于汽缸活塞上的力。压强也可以理解为无压强（真空）
12	形状	形状是一个物体的轮廓或外观。形状的变化可能表示物体的方向性变化或者物体在平面和空间两方面的形变
13	稳定性	物体的组成和性质（包括物理状态）不随时间而变化的性质。物体的完整性或者组成元素之间的关系。磨损、化学分解及拆卸都代表稳定性的降低，增加物体的熵就是增加物体的稳定性
14	强度	物体在外力作用下抵挡其发生变形的能力，或者在外部影响下抗破坏（分裂）和不可逆变形的性质
15	运动物体的作用时间	运动物体具备其性能或者完成作用的时间，服务时间，以及耐久力等。两次故障之间的平均时间也是作用时间的一种度量
16	静止物体的作用时间	静止物体具备其性能或者完成作用的时间，服务时间，以及耐久力等。两次故障之间的平均时间也是作用时间的一种度量
17	温度	物体所处的热状态，代表宏观系统热动力平衡的状态特征。还包括其他热学参数，比如影响温度变化速率的热容量
18	亮度	照射到某一表面上的光通量与该表面面积的比值。也可以理解为物体的适当亮度、反光性和色彩等
19	运动物体的能量消耗	运动物体执行给定功能所需的能量。经典力学中能量指作用力与距离的乘积，包括消耗超系统提供的能量
20	静止物体的能量消耗	静止物体执行给定功能所需的能量。经典力学中能量指作用力与距离的乘积，包括消耗超系统提供的能量
21	功率	物体在单位时间内完成的工作量或者消耗的能量
22	能量损失	做无用功消耗的能量。减少能量损失有时需要应用不同的技术来提升能量利用率
23	物质损失	部分或全部，永久或临时，物体材料、物质、部件或者子系统的损失
24	信息损失	部分或全部、永久或临时的系统数据的损失，后者系统获取数据的损失，经常也包括气味、材质等感性数据
25	时间损失	一项活动持续的时间，改善时间损失一般指减少活动所费时间
26	物质的量	物体（或系统）的材料、物质、部件或者子系统的数量，它们一般能被全部或部分、永久或临时改变
27	可靠性	物体（或系统）在规定的方法和状态下完成规定功能的能力。可靠性常常可以理解为无故障操作概率或无故障运行时间
28	测量精度	系统特性的测量结果与实际值之间的偏差程度。比如减小测量中的误差可以提高测量精度
29	制造精度	所制造产品的性能特征与图纸技术规范和标准所预定参数的一致性程度
30	作用于物体的有害因素	环境（或系统）其他部分对于物体的（有害）作用，它使物体的功能参数退化

（续表）

编号	名称	解释
31	物体产生的有害因素	降低物体（或系统）功能的效率或质量的有害作用。这些有害作用一般来自物体或者作为其操作过程一部分的系统
32	可制造性	物体（或系统）制造构建过程中的方便或者简易程度
33	操作流程的方便性	操作过程中需要的人数越少，操作步骤越少，以及工具越少，代表方便性越高，同时还要保证较高的产出
34	可维修性	一种质量特性，包括方便、舒适、简单、维修时间短等
35	适应性，通用性	物体（或系统）积极响应外部变化的能力，或者在各种外部影响下以多种方式发挥功能的可能性
36	系统的复杂性	系统元素及其之间相互关系的数目和多样性，如果用户也是系统的一部分，将会增加系统的复杂性，掌握该系统的难易程度是其复杂性的一种度量
37	控制和测量的复杂度	测量或者监视一个复杂系统需要高成本、较长时间和较多人力去实施和使用，或者部件之间关系太复杂而使得系统的检测和测量困难。为了低于一定测量误差而导致成本提高也是一种测试复杂度增加
38	自动化程度	物体（或系统）在无人操作时执行其功能的能力。自动化程度的最低级别是完全手工操作工具。中等级别则需要人工编程，监控操作过程，或者根据需要调整程序。而最高级别的自动化则是其自动判断所需操作任务，自动编程和对操作自动监控
39	生产率	单位时间系统执行的功能或者操作的数量，或者完成一个功能或操作所需时间以及单位时间的输出，或者单位输出的成本等

为便于应用，上述通用工程参数可以分为三大类：

（1）物理及几何参数：1～12；17～18；21。

（2）通用技术正向参数：13～14；27～29；32～39。当这些参数变大时，系统的性能变好。

（3）通用技术负向参数：15～16；19～20；22～26；30～31。当这些参数变大时，系统的性能变差。

当对技术系统参数进行分析并向通用工程参数转换时，如果对具体参数对应通用工程参数有疑惑，可以尝试使用更抽象的语言来描述功能，以便于找到更为准确的通用工程参数。

在运输卡车的例题中，涉及的参数包括车厢体积、发动机功率、重量、速度、燃油量、道路通过性。对于发动机功率和车速，分别对应通用工程参数21（功率）和9（速度）；对于车厢体积和重量，由于运输过程中车体在移动，所以分别对应通用工程参数7（运动物体的体积）和1（运动物体的重量）；对于耗油量，由于车体在移动，对应通用工程参数19（运动物体能量消耗），注意不要误认为是22（能量损失）；对于道路通过性，通过分析可知表示的是能适应多种路况，进一步抽象描述是适应多种情况，对应通用工程参数35（适应性，通用性）。那么，表7-2经通用工程参数转换后变为表7-4。

表 7-4 通用工程参数描述的冲突

序号	改善参数	通用参数	恶化参数	通用参数
1	车厢体积	7（运动物体的体积）	重量	1（运动物体的重量）
2	车厢体积	7（运动物体的体积）	道路通过性	35（适应性，通用性）
3	发动机功率	21（功率）	燃油量	19（运动物体的能量消耗）
4	速度	9（速度）	燃油量	19（运动物体的能量消耗）

7.3 发明原理

7.3.1 发明原理概述

阿奇舒勒通过对 10 多万份专利的分析，发现只有极少数的发明是基于新的科学发现或科学原理的 5 级创新，而大多数专利是通过专业知识能轻松完成的 1 级创新。在其中约有 4 万份专利是 2 级到 4 级的创新，通过对这些专利的统计分析发现，虽然这些发明所处的领域五花八门，但解决方案表现出比较强的规律性，很多解决问题的原理和技巧是相同的。1971 年，阿奇舒勒总结归纳出 40 条发明原理（见表7-5），并围绕这些原理提出了冲突矩阵，形成了经典 TRIZ 解决冲突问题的根基。

表 7-5 发明原理

序号	名称	序号	名称	序号	名称	序号	名称
1	分割原理	11	预先防范原理	21	减少有害作用时间/急速作用原理	31	多孔材料原理
2	抽取/分离原理	12	等势原理	22	变害为利原理	32	颜色改变原理
3	局部特性原理	13	反向作用原理	23	反馈原理	33	同质/匀质性原理
4	不对称性原理	14	曲面化原理	24	借助中介原理	34	自弃与修复/抛弃与再生原理
5	组合/合并原理	15	动态特性原理	25	自服务原理	35	物理或化学参数变化原理
6	多用性原理	16	未达到或过度作用原理	26	复制原理	36	相变原理
7	嵌套原理	17	多维化/维数变化原理	27	廉价替代品原理	37	热膨胀原理
8	反重力/重量补偿原理	18	机械振动原理	28	机械系统替代原理	38	强氧作用原理
9	预先反作用原理	19	周期性作用原理	29	气动或液压结构原理	39	惰性环境原理
10	预先作用原理	20	有效持续作用原理	30	柔性壳体或薄膜结构原理	40	复合材料原理

7.3.2 发明原理详解

实践证明，阿奇舒勒总结的 40 条发明原理非常有效。为更好地进行理解与应用，本书对每条原理都列出了更加明确的指导原则，提供了更为详细的解释。

1. 分割原理

分割即把某个物质、系统分解为多个部分，分割方式可以是虚拟的，也可以是真实的。分割可以为系统带来很多新的特性，利用分割带来的新特性可以有效地进行创新，或者利用分割来规避整体层面的问题，如规避有害作用，增强有益作用。在大多数情况下，分割后往往需要重组。随着技术的进步，分割的程度越来越彻底。分割原理有三个指导原则。

（1）把一个物体分成多个相互独立的部分，如：

①把一辆大卡车分成车头和拖车两个独立的部分；

②把一个大型项目分解成若干个子项目完成；

③一个学校的学生有不同的专业和班级；

④把一本书分为多个章节。

（2）把一个物体分成容易组装和拆卸的部分，如：

①在软件工程中，使用模块化设计；

②把一套家具分解为组合家具；

③拼装式的活动板房，非常容易组装和拆卸。

（3）增加物体分割程度，如：

①用百叶窗代替整体窗帘；

②使用粉末状的锡（锡粉）焊料来替代锡焊丝和焊条，可以获得更好的焊接质量；

③战斗机上用海绵状物质来储油，相当于把油箱分解为无数个微小的油箱。

随着加工技术、测量技术的进步，人类对物质的分割越来越彻底，可以把物体分解为分子、原子。

【例】如何运输高温的玻璃板

在玻璃批量生产线上，要先对玻璃进行加热然后再进行后续加工。加工完成后的玻璃仍处于高温通红状态，需要将其输送到指定位置冷却。现在的问题是，因为玻璃还处于高温，呈现柔软的状态，在滚轴传输线的输送过程中会因为重力下垂而造成变形，导致玻璃表面凹凸不平，后续需要大量的工作来进行打磨修正。

一般的想法是将传输线上的滚轴直径做到尽量小，以减少玻璃悬空的面积，提高玻璃的平整度。如果把滚轴直径做得像火柴棍一样细，那么玻璃表面的平整度将会大大提高，但细的滚轴支撑力不足，且结构复杂造价高。

上述想法就用到了分割原理，当突破常规思维，将滚轴直径一直缩小，尤其是缩小到分子、原子结构层面时，也就将分割做到了极致，此时便启发人们想到利用液体来传送高温的玻璃。锡的熔点低但沸点高，玻璃加工后的温度可以熔化锡，所以得到解决方法：使用一个盛满液态的锡的槽来传运玻璃，即以液体平面作为传送带，从而提升玻璃表面平整度。

2. 抽取 / 分离原理

抽取就是从整体中分离出一部分，这部分可以是有害的，也可以是有用的，抽取的可以是具体的物质，也可以是某种虚拟的属性。抽取 / 分离原理有两个指导原则。

（1）从对象中抽取出产生负面影响的部分或属性，如：

①最早的空调是一体的，随着技术的进步，空调被分成两部分，把产生噪声的压缩机挂在窗外，减少噪声对人的危害（把噪声部分抽取出来）；

②汽车安装尾气收集装置，集中处理尾气，减少有害物排放（把尾气从系统中抽取出来）；

③海鬣蜥能够把身体中的多余盐分排出体外（把盐分从身体中抽取出来）；

④避雷针把雷电引入地下（把电抽取出来）。

（2）从对象中抽取有用的部分或属性，如：

①电子狗用狗叫声作为报警声，代替养狗（把狗叫声从狗身上"抽取"出来）；

②稻草人可以帮助人们吓跑谷田中的小鸟（把人的动作从人身上"抽取"出来）；

③从鸡蛋中分离蛋清。

【例】中药的提纯

中药是中华民族智慧的结晶，但长期以来，我们对于中药作用机理的研究还不够。中药的化学成分十分复杂，既含有多种有效成分，又含有无效成分，有的还包含有害或有毒成分。人们在服用中草药的过程中，不仅吸收了其有效成分，还摄入了大量残渣和杂质，会造成一定负面影响。随着社会的发展和技术的进步，人们通过对中药成分的分析，把中药提纯，保留有效成分，去除无用的杂质和残渣，提高了治疗效果，减少了毒副作用。诺贝尔奖获得者屠呦呦，就是基于青蒿能够治疗疟疾的现象，经过深入研究，发现了起作用的成分——青蒿素，并经过团队长期攻关，成功攻克提取青蒿素的工艺，为人类的健康事业作出了卓越的贡献。

3. 局部特性原理

在一个系统中，某些特定的部位可能应该具备一些特殊的属性，以满足整体目标，或者更好地适应所处的环境，或者更好地满足某种特定的要求。局部特性原理有三个指导原则。

（1）将物体、环境或外部作用的均匀结构变为不均匀，或者将同类结构改为异类结构，如：

①对材料表面进行热处理、涂层、自清洁等，以改善其表面质量；

②用密度大的材料作玩偶的底部结构，用密度小的材料做玩偶的上部结构，可做成不倒翁；

③增加建筑物下部墙的厚度使其能承受更大的负载。

（2）让物体的不同部分，各自具备不同的功能，如：

①带橡皮的铅笔；

②瑞士军刀包含多种常用工具，如小刀、剪子、启瓶器、螺丝刀；

③带起钉器的榔头。

（3）让物体的各部分，均处于各自动作的最佳状态，如：

①冰箱分为冷藏区、0℃区与冷冻区，每个区域适合储藏不同的食物；

②学生餐盒，每个不同的间隔可最大限度地保证不同品种食物的存放条件；

③非圆齿轮传动机构，可实现非匀速传动，主动轮做匀速转动，从动轮做变速转动。

【例】冰箱与烤箱（烘干机）的结合

传统上，冰箱和烤箱（或烘干机）被认为是水火不容的两种家电，冰箱用来制冷，而烘干机和烤箱用来制热。随着技术的进步与研究的深入，人们逐步发现二者是互补结构。现在市场上出现了多种冰箱与烤箱（或烘干机）的一体机，这种机器可以用冰箱压缩机产生的热来给烤箱或者烘干机提供热量。

4. 不对称性原理

所谓对称，就是各向同性。所谓不对称，就是各向异性，增加不对称性是把对称的（均匀的）形状、形态、结构、密度等属性变为不对称的、无规则的。让物体保持一个不对称状态，往往可以适应复杂的环境特性要求，解决实际问题。不对称性原理有两个指导原则。

（1）将对称物体变为不对称的，如：

①电脑上的 USB（universal serial bus，通用串行总线）口为不对称结构，可以防止插反；

②天平是对称的，但杆秤是不对称的，杆秤用起来也更方便；

③不对称的雨伞更实用；

④飞机机翼上下是不对称的，这样可以产生升力。

（2）增加不对称物体的不对称程度，如：

①对于杠杆来说，动力与阻力的大小和动力臂与阻力臂的长度成反比。如果我们增加不对称程度，则可以用很小的力量撬起很重的物体，就像阿基米德曾说的：给我一个支点，我可以撬起整个地球。

②增加钥匙的不对称性，可以提高锁的安全等级。

③为提高焊接强度，将焊点由原来的椭圆形改为不规则形状。

【例】聪明的气罐

很多家庭在使用罐装液化石油气，但让人们烦恼的是，不知道气罐里的气体何时会耗完，所以不能及时更换燃气。为实现液化气罐自动预报的功能，人们基于非对称原理研究出了解决方案。

在煤气罐的传统结构设计中，气罐的底面一般是一个平面。人们想到采用非对称的结构，将煤气罐的底面做成部分斜面，如图 7-3 所示。这样，当液体燃气充足时，可充当气罐底部重物，使气罐保持直立，一旦液态燃气快消耗完时，底部"失去"重物，煤气罐会在重力作用下歪向一边，提示用户及时更换。

图 7-3　聪明的气罐

5. 组合 / 合并原理

组合是一种非常常用且有效的方法，组合可以是空间上的合并或者时间上的合并，通过多种功能和特性在某种维度上的组合，产生一种新的、更好的功能。组合 / 合并原理有两个指导原则。

（1）在空间上，将相同的物体或相关操作加以合并，如：

①互联网就是把多台电脑组合在一起，实现资源共享；

②集成电路把成千上万个元器件做到一块电路板上；

③把多个专家组合为科研团队，可以有效提升研发效率。

（2）在时间上，将相同或相关的操作进行合并，如：

①冷热混合水龙头把热水管和冷水管组合在一起，可以提供多种温度的水；

②将摄像机、照相机和望远镜组合在一块，可以同时发挥摄像、照相、搜索的功能；

③联合收割机可以同时实现收割、脱粒和运输的功能。

【例】火炮的发展

火炮自从出现以来，一直都是常规战争的主角，甚至决定着战争的胜负。在战争中，对于火炮的要求是打得准、打得远，还要机动性好、跑得快。从早期原始火炮发展到现代火炮，除了材料和加工工艺的进步外，组合原理得到了大量的应用：通过雷达组合，提升火炮精准性；通过与底盘组合，提升火炮机动性；通过与计算机与网络组合，提升火炮信息化作战能力；通过与装甲组合，提升火炮自我防护能力等。

6. 多用性原理

多用性原理的核心并不是简单地让某种物体具备多种功能，而是将不同的功能或非相邻的操作合并，从而使一个物体具备多种功能，能够将原来承载这种功能的物体裁剪掉。这条发明原理有两个指导原则。

（1）让一个物体具备多项功能，如：

①瑞士军刀具备多项功能；

②锤子的另一端为羊角，可以起钉子；

③水陆两用坦克。

（2）消除了该功能在其他物体内存在的必要性后，可裁剪掉其他物体，如：

①用牙刷柄来容纳牙膏，可以裁剪掉牙膏袋；

②用眼镜鼻夹来固定镜片，可以裁剪掉眼镜腿。

7. 嵌套原理

如果大家见过俄罗斯套娃，就很容易理解嵌套原理。一般来说，在空间有限的情况下，要优先应用这条发明原理。这条原理有两个指导原则。

（1）将一个物体嵌入另一物体，然后把这两个物体再嵌入第三个物体，以此类推，如：

①老式电视的伸缩式室内天线；

②照相机的变焦镜头；

③吊车的吊臂。

（2）把一个物体穿过另一个物体的空腔，如：

①伸拉门；

②汽车安全带卷缩结构；

③飞机起落架在飞机起飞后，收到机体的内部；

④电缆穿过套管。

【例】火星车轮胎

为了探索火星，人类将火星车发射到火星上。火星车为了保证通过性，通常具有相对高大的轮胎，重心做得非常高。当火星车行驶在火星的山地上时，由于地面不平导致的颠簸很容易使火星车倾覆，这就需要降低火星车重心。

因为轮胎内部是个空腔，可以在轮胎内部放入一些圆形的铁球，这些铁球可以随着轮胎的滚动而滚动，始终处于最低点，从而降低了火星车的整体重心。

8. 反重力 / 重量补偿原理

在地球上，重力无处不在。在我们的设计中，既要考虑不直接克服重力去做功（克服重力做功不是一个聪明的做法，更要想到重力是一个重要的廉价资源），又要用各种方式去补偿重量。能够利用的资源有气体的浮力、液体的浮力、电荷的互斥力或吸引力、磁铁的互斥力或吸引力、其他物体的重力、流体力学的相关规律等。反重力 / 重量补偿原理有两个指导原则。

（1）将物体与另一个能提供上升力的对象组合，以补偿其重量，如：

①用气球来拉起广告条幅（用气球的升力来补偿条幅的重量）；

②电梯轿厢的配重；

③打捞船所带的浮箱。

（2）通过与环境的相互作用（空气动力、液体动力或其他力）实现物体的重量补偿，如：

①飞机机翼的形状可减小机翼上面的空气密度，增加机翼下面空气的密度，从而产生升力；

②水翼可使船只整体或部分浮出水面，减小阻力；

③直升机的螺旋桨可以产生升力。

【例】怀丙和尚捞铁牛

蒲津桥是连接黄河两岸的一个浮桥，桥两端各有 4 个大铁牛用来固定浮桥的铁索。相传北宋时期，蒲津桥被百年不遇的特大洪水冲毁。入地丈余的八大铁牛不仅被拉出了地面，还被拖到水中。秦晋两地交通中断，行旅受阻。怎样才能把这几千斤的笨重铁牛捞上来呢？宋朝官吏无计可施，便贴出榜文，招募人才。

河北正定有个出身贫苦家庭的和尚，名叫怀丙，既乐于助人，又聪明多智。他看到榜文，便急忙赶到蒲津桥。经过现场勘察，怀丙和尚想出了一个办法，他找来两艘大船，将船上装满沙土，把一根大木头搁在两只船上，成为"工"字式样，用一根很粗的绳索，一端绑在大木头上，另一端拴住铁牛。然后，大家逐步把船上的沙土卸掉，河水就会对大船产生向上的浮力，这个浮力与铁牛的重力相抵消。随着沙土的减少，船逐渐浮高，铁牛便一点点地被拉了上来。

9. 预先反作用原理

如果我们知道系统在工作过程中会受到某种有害作用，那么我们就可以在系统工作前对系统施加一个相反的作用，来抵消这种有害作用。预先反作用原理有两个指导原则。

（1）施加机械应力，以抵消工作状态下不期望的过大应力，如：

①预应力钢筋混凝土，对于工作状态为受拉的混凝土，则提前配置产生压力的钢筋；

②预应力螺栓，可以预防螺栓松动。

（2）对有害的作用或事件，预先采取相反的作用，如：

①快递公司为了防止运输途中物体的损坏，用发泡材料或瓦楞纸对物品进行包装；

②消防员把自己淋湿再冲进火场去救火。

【例】工厂的酸液

某化工厂在生产中要产生大量的废酸，酸液不能直接排放，会污染环境。在酸液的收集和存放期间，酸液也会腐蚀收集坑产生很多的负面效应。

可以应用预先反作用原理来解决以上问题，在坑底预先放置碱性物质，如石灰，这样酸液就会和碱溶液发生中和反应，生成有害性较小的盐。

10. 预先作用原理

如果系统在未来运行过程中需要执行某种任务，我们可以提前为这种任务提供一些预先的操作，预先操作作为未来任务的一部分。预先作用原理有两个指导原则。

（1）预先对物体（全部或部分）施加必要的改变，如：

①医院为骨折病人打的石膏上预先留有沟槽，便于后期拆除；

②先把食品做熟，便于之后食用，如方便面；

③产品生产前，就先做市场调研工作。

（2）预先安置物体，使其在最方便的位置发挥作用而不浪费时间，如：

①预先在公路上设置加油站，以备汽车在燃油耗尽时能够及时加油；

②手术前，将手术器具按使用的顺序排列整齐；

③商场内预先放置灭火器。

【例】邮票孔的故事

1840 年，英国首次正式发行邮票。最早的邮票和现在的邮票不一样，每枚邮票的四周没有齿孔，许多邮票连在一起，使用的时候，得用小刀裁开。1848 年的一天，英国发明家阿切尔（Archer，1813—1858）到伦敦一家小酒馆喝酒，在他身旁的一位先生，一只手拿着一大张邮票，另一只手在身上翻找着什么。看样子，他是在找裁邮票的小刀。那位先生摸遍全身所有的衣袋，也没有找到小刀，只好向身边的人求助："先生，您带小刀了吗？"阿切尔摇摇头，说："对不起，我也没带。"那位先生想了想，从西装领带上取下一枚别针，在每枚邮票的连接处刺上小孔，邮票很容易地便被撕开了，而且很整齐。阿切尔被那位先生的举动吸引住了。他想：要是有一台机器能给邮票打孔，不是很好吗？阿切尔开始了相关研究工作。很快，邮票打孔器就被造出来了。打过孔的整张邮票，很容易被一枚枚地撕开，使用的时候非常方便。直到现在，世界各地仍然在使用邮票打孔器。

11. 预先防范原理

预先防范原理有一个指导原则，即采用事先准备好的应急措施，补偿物体相对较低的可靠性，如：

①为了预防在海滩上被晒伤，提前涂抹防晒霜；

②汽车上安装安全气囊；

③跳伞运动员在跳伞时会带一个备用伞，以防主伞打不开时，使用备用伞；

④建筑物中设置防火通道，供人员在紧急情况下逃生；

⑤汽车上会预留一个备用轮胎。

【例】富人儿子的饺子皮

传说清朝时某地有一人非常节俭，一生舍不得吃、舍不得穿，终于置就一份大产业，成为当地的富人。可惜此人不善教育孩子，唯一的儿子好吃懒做，喜欢铺张浪费。富人知道儿子已经不可救药，但还是求自己最忠实的仆人在他死后能够帮自己儿子一把。

富人儿子对仆人的劝告置若罔闻，天天花天酒地，他有个爱好，喜欢吃饺子，但他只吃饺子中间的馅和薄皮，不吃饺子边上的厚皮。没过几年，富人的家产就被他儿子败了个精光，富人儿子只得流落街头，沿门乞讨。乡邻们很厌恶他，没人愿意施舍，他奄奄一息，几乎要被饿死了。这时，当初的老仆人主动上街，把富人儿子领回家，亲自给他做了一碗面汤。富人儿子吃了后，感觉这碗面汤简直是人间美味，难以形容。就问仆人汤是用什么做的，仆人说道："这就是你当初扔掉的饺子皮啊，我知道你迟早有这么一天，所以以前在你吃饺子的时候，都会捡起你的饺子皮晒干储藏起来，现在看来，这些饺子皮救了你的命啊！"

12. 等势原理

通过改变工作条件，确保在相同的高度上执行某个过程或操作。也可以对等势原理进行扩展，如果改变某个参数要消耗资源，就让工作保持在某个固定的参数值上。这条发明原理有一个指导原则，即改变操作条件，以减少物体提升或下降的需要，如：

①在现代物流系统中，装货台与卸货台的水平高度设计成与汽车车厢高度一致；

②在汽修厂中，设置维修地沟，可以在维修汽车时避免提升汽车（汽车位势保持不变）；

③三峡大坝中设有船闸，可以通过调整船闸水位实现轮船的通行。

【例】铁塔是否在下沉

某地有一座古铁塔，科学家怀疑这座铁塔因地质原因在下沉，但是无法通过测量铁塔到地面的距离来判断，因为铁塔所在地的地面也可能在下沉。经过寻找，发现在距离铁塔 1.5 千米的地方有片坚硬的岩层，这片岩层并没有下沉现象。但直接测量铁塔与岩层间的距离存在困难，因为距离太远。有什么简单的办法可以测量呢？

通过等势原理想到，可以设计一个连通器，在铁塔上某个位置安装一个玻璃管，在岩层的相同高度也安装一个玻璃管，用长长的胶管把两个玻璃管连接起来。在玻璃管中灌入水，在初始位置标示出水的高度，如果水面上升，则说明铁塔在下沉。

13. 反向作用原理

把一个系统颠倒过来，如在空间上颠倒、时间上颠倒，或者是在逻辑关系上颠倒，可能会得到意想不到的收获。反向作用原理有三个指导原则。

（1）用相反的动作，代替问题定义中所规定的动作，如：

①为了把两个紧密接触的零件分离，可以冷冻内部零件，而不是加热外部零件；

②可以把传统的黑板改成白板，把白粉笔改成黑色马克笔；

③移动一个物体时，可以推，也可以拉。

（2）把物体上下或内外颠倒过来，如：

①当瓶子里的洗发液不多时，可以把瓶子倒过来放，更容易倒出洗发液；

②把米袋子反过来，更容易清洗；

③安装螺栓的时候，把工件放在下面，向下安装螺栓更容易。

（3）让物体或环境，可动部分不动，不动部分可动，如：

①电动机的设计，把重的部分设计成定子，把轻的部分设计成转子；

②机床加工中，让工件旋转，刀具固定；

③跑步机的工作原理。

【例】流水线的故事

在传统的工厂中，正在加工的工件保持不动，而工人则分组完成不同的工作，工人在工厂里面不停地移动，浪费了大量的体能。能否反过来，让工件移动，工人不动呢？很多人进行了探索。

19 世纪末期，随着技术水平的进步，各种传送装置被制造出来，在此基础上，美国的亨利•福特（Henry Ford，1863—1947）设计了成熟的流水线，在流水线上，人所在位置保持不动，工件则随传送装置移动，大大提高了作业效率。

14. 曲面化原理

如果我们把空间中的直线变为曲线，平面变为曲面，直线运动变为圆周运动、平面运动变为球面运动，则可带来很多有益的效果。曲面化原理有三个指导原则。

（1）用曲线代替直线，用曲面代替平面，用球体代替多面体，如：

①将两表面间的直线或平面结构改为圆弧结构，可以减少应力集中；

②拱形桥可以用更小的自重实现更大的承重能力；

③相同量的材料，制作成球体时表面积最小，而体积最大。

（2）采用滚筒、辊、球、螺旋结构，如：

①轮子是人类非常伟大的发明；

②螺旋齿轮可以提供均匀的承载力；

③螺旋楼梯节省面积。

（3）利用离心力，用回转运动代替直线运动，如：

①过山车原理；

②万米长跑也可以在 400 米环形跑道上完成；

③螺丝固定比钉子固定更结实。

【例】神奇的莫比乌斯环

科幻故事《黑暗的墙》中，哲人格里尔手里拿着一张纸，对同伴不里尔顿说："这是一个平面，它有两个面。你能设法让这两个面变成一个面吗？"

不里尔顿惊奇地看着格里尔说："这是不可能的。"

"是的，乍看起来是不可能的，"格里尔说，"但是，你如果将纸条的一端扭转180°，再将纸条对接起来，会出现什么情况？

不里尔顿将纸条一端扭转180°后与另一端对接，然后粘贴起来。

"现在把你的食指伸到纸面上。"格里尔静静地说。

不里尔顿已经明白了这位智者同伴的智慧，他移开了自己的手指。"我懂了！现在不再是分开的两个面，只有一个连续的面。"

这就是以著名的德国数学家莫比乌斯命名的"莫比乌斯环"。

很多人利用这个奇妙的"莫比乌斯环"来获得发明。大约有100项专利均是基于这个奇妙的环，有砂带机、录音机、皮带过滤器等。"莫比乌斯环"正是曲面化原理的典型代表。

15. 动态特性原理

让系统的各个组成部分处于动态，也就是各部分是可调整、可活动和可互换的，从而让每个部分的动作都处于最佳状态。动态特性原理有三个指导原则。

（1）调整问题或环境的性能，使其在工作的各个阶段都达到最优状态，如：

①汽车上的方向盘、座椅、后视镜、反光镜都可调整位置；

②形状记忆合金；

③柔性生产线，各部分都能调整，从而可以在一条生产线上生产不同的产品。

（2）分割物体，使各部分都可以改变相对位置，如：

①新式笔记本电脑可分解为屏幕、键盘两部分；

②铲车的多功能铲斗，把铲斗分解为铲筐、铲头和铲尾，各部分都可调整；

③蛇皮管台灯，把支柱分解为多个部分可以随意弯折。

（3）如果一个物体整体是静止的，使之移动或可动，如：

①移动式电脑椅；

②电子相框可以灵活显示多张照片；

③塔吊基座建在专用轨道上，成为行走的塔吊。

16. 未达到或过度作用原理

如果很难精准地控制最终的加工效果，则可以通过比某种标准作业方式"少做一点"或"多做一点"，然后再换一种作业方式修正到最终目标。这样做可以大大降低解决问题的难度，未达到或过度作用原理只有一个指导原则。

当期望的效果难以百分之百实现时，稍微超过或稍微小于期望效果，会使问题大大简化，如：

①印刷时，稍微喷多一些油墨，再去除多余部分，会使字迹更清晰；

②在地板砖缝隙中填充更多的白水泥，然后再打磨掉，会使地面更平整；

③铸造时，设置冒口，让更多的液态金属进入型腔，然后再打磨掉冒口。

【例】快速切割钢管

要生产一种直径 1 米、长度 12 米的钢管，原材料为带状卷料，在钢管弯卷焊接设备上进行加工。此设备以连续的 2 米／秒的速度输出焊接完成的钢管，所以，需要每 6 秒完成一次切割。因为切割设备的电锯切割 1 米直径的钢管需要一定的时间才可以完成，而钢管在连续向前输出，所以切割设备得与钢管在同步前进中进行切割，切割完成后还需要快速返回到原来的位置，并开始对下一段钢管进行切割，切割和返回的动作需要在 6 秒之内完成。

现在，切割设备的功率选择和移动速度产生了矛盾，大功率的设备切割速度快但比较笨重、移动起来缓慢，小功率的设备比较轻巧，可快速移动，但切割时间会比较长。工程师们为了解决这个问题陷入了激烈的争论，最后折中方案似乎占据了上风，那就是降低钢管弯卷焊接设备的输出速度。

可以事先将带状原材料钢板进行切割，但是不能完全切断，要保留部分连接以保证弯卷焊接过程中的足够连接强度，这样，在后续切割中，只切断那部分保留的部位就可以了。最后，以一个振动来实现钢管的切割，生产效率得到了大幅提升。

17. 多维化／维数变化原理

多维化／维数变化原理是通过一维变多维，或将物体转换到不同维度来解决问题。这条发明原理有四个指导原则。

（1）如果对象沿着一条直线运动，则可以变为二维运动，同理，二维平面可转换为三维空间的运动，从而消除问题，如：

①追击炮的弯曲弹道使得它可以隔山打击敌军目标；

②波纹结构被广泛用于多个行业中；

③在另一个维度上加强钢板，形成工字钢、T 形钢等。

（2）单层排列改为多层排列，如：

①楼房代替平房，可以获得更大的空间；

②立体车库可停放更多的车辆；

③货物分层，可码放更多货物。

（3）把物体倾斜或侧向放置，如：

①自动卸载汽车；

②斜置手机安置箱。

（4）利用给定表面的反面，如：

①双面胶带；

②双面运动服。

【例】穹顶建筑的参观电梯

某个城市有个宏伟的穹顶建筑，建筑是圆形的，就像一个巨大的半球。为了方便人们参观，在这个建筑内部安装了一部螺旋形的电梯，建造方式是在穹形建筑内部固定了一个螺旋形的轨道，轨道是用坚固的钢管制作的，电梯就在钢管上方运行，当电梯运行到顶部后，游客则从一个小门出去，然后穿过建筑，从建筑外部的电梯下来。

由于某些原因，外部电梯必须被拆除，这样，只能等上一批游客下来后，新的一批游客才能上去。有人建议从内部对电梯进行改造，让游客从建筑内部乘电梯下来，并且不影响下一批乘客上行。现在的问题是，再在上下螺旋间新造一螺旋钢管和电梯轿厢的话，内部空间不足，如何解决？

现有电梯轨道是使用坚固钢管制成。对钢管下方空余空间进行改造，改造成一个"大滑梯"，使游客能离开建筑。

18. 机械振动原理（mechanical vibration）

机械振动原理是运用某种作用让对象产生机械振动，通过改变振动的频率或者产生共振，在某个区间产生一种规则的、周期性的变化。这条发明原理有五个指导原则。

（1）使物体处于振动状态，如：

①振动式压路机，碾压效果更密实；

②振动棒可以让混凝土更均匀，并排出混凝土中的空气；

③振动筛的效果更好。

（2）如果物体已处于振动状态，提高其振动的频率（直到超声状态），如：

①超声波无损探伤；

②超声波洗衣机。

（3）利用共振现象，如：

①音叉在共振下发出悦耳的音乐；

②利用共振效应拆除大楼。

（4）用压电振动代替机械振动，如：

①石英表中的石英振动芯；

②利用压电振动器可以改善喷雾嘴对流体的雾化效果。

（5）超声波振动和电磁场合，如：

①感应电炉中既有超声波振动，又有电磁场；

②高频炉中的电磁搅拌。

【例】超声波洗衣机

常规全自动洗衣机的洗涤原理通常都是通过波轮或滚筒的反复旋转，搅动水流，使衣物移动发生相互摩擦等机械方式来完成。需用很多洗涤剂，污染环境，耗水、耗电量大，衣物易缠绕，且易磨损，同时洗涤效果也不够理想。

超声波洗衣机是在洗衣机内部装有超声波高频振荡器，应用超声波原理，产生高频振荡波，使水流及衣物间产生大量微小气泡，利用气泡破裂时产生的气压冲击波，使污垢与衣物彻底分离，自动完成洗涤，可不用或少用洗涤剂，减少环境污染，节约水资源，洗涤效果很好。而且，洗衣机可以做到很小，便于移动使用。

19. 周期性作用原理

周期性作用原理是通过有节奏的行为（操作方式）、振幅和频率的变化以及脉冲间隔来实现周期性作用。系统不是越稳定越好，应用一个不稳定的、变化的和可控的系统，可能解决稳定不变系统的问题。这条发明原理有三个指导原则。

（1）用周期性动作或脉冲，代替连续动作，如：

①警车上的警笛周期性工作，更容易引起人们的注意；

②汽车上的 ABS（antilock brake system，制动防抱死系统），可以保证汽车在光滑的路面上安全行驶；

③打桩机的周期性动作。

（2）如果周期性动作正在进行，改变其运动频率，如：

①洗碗机针对不同规格的碗采用不同的水流脉冲；

②针对不同材料的路面，振动式压路机可调整不同的频率。

（3）在脉冲周期中，利用暂停来执行另一有用动作，如：

①在打桩机的周期间歇中，执行矫正动作，避免桩体被打歪

②自来水厂的过滤器，为了防止过滤器堵，每过一段时间可反向冲洗一次。

【例】热机的发明

在机械领域中，周期性作用可谓无处不在，最典型的就是热机的运行原理。在现代热机发明以前，人们早就发现能量转化的秘密，但人类只能在较短的时间内实

现对热能转化为动能的利用，如通过加热让物体膨胀。如何实现热能到动能的持续转化呢？通过长期的探索，人类终于发明了引入其他非做功行程，形成周期性运转的装置。瓦特改进的蒸汽机就是主要改善了机器的运转过程，设计了更为科学的运转周期，其他热机如汽油机、柴油机等无不是周期性运转的。

20. 有效持续作用原理

要对动态系统在全时间和全空间进行检查，保证流程的连续性，消除所有的空闲和间隔，提高效率。有效持续作用原理有两个指导原则。

（1）物体的各部分同时满载持续工作，以提供持续可靠的性能，如现代流水生产线能够保证负荷均匀。

（2）消除空闲和间歇性动作，如：

①针式打印机在回程时也执行打印操作

②在物流系统中，配货站在大货车回程时也分配运输任务。

【例】盾构掘进机的工作原理

在传统的地下隧道挖掘中，需要将工程分为几个阶段，每掘进一段，就要停下来运输挖出来的土，同时对隧道进行支护，然后再挖掘下一个阶段。能否连续掘进，减少停顿，提高效率呢？盾构掘进机就是这样一个发明，它能够连续完成挖土、支护、运出渣土等几个动作，保证掘进作业是连续的。盾构掘进机已广泛用于地铁、铁路、公路、市政、水电等隧道工程。

21. 减少有害作用时间 / 急速作用原理

对于系统中的有害作用，可以设法加快其作用的速度，减少其作用时间。减少有害作用时间 / 急速作用原理有一个指导原则，即将危险或有害的流程或步骤在高速下进行，如医生给病人打针的动作非常快，就是在减少有害作用时间。

【例】快刀斩乱麻

中国有句俗语叫"快刀斩乱麻"，这其中蕴含着深刻的道理，乱麻之所以很难被斩断，是因为其柔韧性强，如果出刀太慢，则麻很容易变形，导致不能切断，或则切口不平整；而如果用一把快刀高速削下去，则乱麻还没有来得及变形就被切断了。相同的道理被广泛用于机械加工领域，这就是"高速切削"。特别是在切割具备柔性的材料时，如切割塑料管时，就会设计一种专门的快速刀具，以非常高的速度与切削对象相对运动，被切削对象来不及变形，切口非常平整，保证了切削质量。

22. 变害为利原理

变害为利原理是找到相应的途径，把系统中的有害因素与其他作用相结合以消除有害性，或者利用有害性，从而增加系统的价值，这条发明原理有三个指导原则。

（1）利用有害的因素（特别是环境中的有害效应），得到有益的结果，如：

①利用垃圾燃烧发电；

②医学上利用蛆虫来去掉伤口周围的腐肉；

③氧化作用会让铁生锈，但过度的氧化作用可以在铁表面形成致密的氧化保护层。

（2）将两个有害的因素相结合，进而消除它们，如：

①酸性废弃物与碱性废弃物可以中和；

②中医上的"以毒攻毒"。

（3）增大有害性的幅度，直到有害性消失，如：

①在森林和草原发生火灾的时候，往往需要再次人为纵火，烧出一条隔离带；

②利用爆炸来扑灭油田大火。

【例】会发电的旋转门

很多商场和酒店门口都安装有旋转门，旋转门旋转速度不能太快，否则容易出现夹人的事故，所以手动旋转门都需要人为增加阻尼，这种阻尼实际是一种能源的浪费，现在我们可以设计一种方案，让这种能源的损失变害为利。

用磁性材料制作旋转门内柱，在柱子外边的套管上缠绕线圈，就可以做成一个发电机。在能量转化中，自动产生阻尼，既避免了快速旋转，又可以发电。

23. 反馈原理

反馈是指将系统的输出信息作为一种信息源返回输入端，增强对输出的控制。反馈原理有两个指导原则。

（1）向系统中引入反馈，以改善性能，如：

①巡航导弹不断利用自己收到的位置信息，纠正自己的航向；

②现代炼钢炉可以根据温度自动调整进料量。

（2）如果已经引入反馈，则改变其大小和作用，如在距机场 5 千米的范围内，改变导航系统的灵敏度。

24. 借助中介原理

如果两个物体不匹配或者存在有害作用，可以建立某种临时链接也就是"中介物"，这种链接应当可以被去除。借助中介原理有两个指导原则。

（1）利用中介物来转移或传递某种作用，如：

①弹琴时使用拨片，避免琴弦对指甲的损害；

②机械加工中钻孔时，使用套管来导引钻杆；

③商业中的中介公司。

（2）把一个对象与另一个容易去除的对象暂时结合在一起，如：

①饭店服务员上菜时使用托盘；

②化学反应中使用催化剂；

③苦味的药粉装在容易被胃酸溶解的胶囊中。

【例】三个兄弟分家

从前有个老人，临死时把自己三个儿子叫到床前，说自己就有 19 只羊，自己死后大儿子分一半，二儿子分 1/4，三儿子分 1/5，要严格按照遗嘱分配，且不得把羊杀掉，说完三个儿子犯了难，因为每个人分得的羊都不是整数。他们只好去求村里最智慧的人。智慧老人说："我自己恰好有一只羊，就送给你们，这样你们就好分家了。"这样，大儿分一半，10 只；二儿子分 1/4，得到 5 只；三儿子分 1/5，得到 4 只，三人得到的羊加起来共 19 只。智慧老人说："还剩 1 只羊，我就牵回去了。"

智慧老人的羊，就是中介物。

25. 自服务原理

自服务原理是指在执行主要功能的同时执行相关辅助性功能，我们应当巧妙利用"自然"中的某种资源或功能，如重力、水力、毛细管等，精简控制系统。这条发明原理有两个指导原则。

（1）让物体能够自己执行辅助性的或者维护性的工作，实现自服务，如：

①收割机的自磨刀刃，可以在工作中自动打磨，时刻保持锋利；

②具有自清洁功能的玻璃；

③自动售货机。

（2）利用废弃的能量与物质，如：

①发电厂的换热塔，可以利用废弃的热量；

②利用钢铁厂的余热发电；

③厨余垃圾用于堆肥。

【例】运送钢珠的管道

这是一个经典案例，有一段金属管道用来运输钢珠，但这段管道有个弯曲的部分，钢珠在管道中高速运动的时候，由于离心力，会撞击、磨损管道的管壁，经常把管壁磨出一个大洞来。管道损坏后必须停止输进行维修，这就影响了生产效率。

可以利用钢珠自己来避免钢珠对管壁的破坏，在拐弯部位的管道外放置一个磁铁，当钢珠到达磁场范围内时，会被磁铁吸附，从而形成保护层。钢珠的冲击将作用在由钢珠形成的保护层上，并不断补充那些被冲掉的钢珠。这样，输送管道就被保护起来。

26. 复制原理

复制原理是通过使用便宜的、可获得的复制品来取代成本过高或者不能直接使用的物体。这条发明原理有三个指导原则。

（1）用经过简化的廉价复制品，代替不易获得的、复杂的、昂贵的、不方便的或易碎的物体，如：

①驾校用虚拟驾驶软件来进行教学，并让学员在模拟机器上进行练习；

②服装店里用塑料模特来展示服装；

③ Word 软件中的打印预览功能。

（2）用光学复制品（图像）来代替实物或实物系统，可以按照一定比例放大或缩小图像，如：

①卫星遥感技术，通过查看卫星在太空拍摄的照片即可知道资源的分布情况；

②医学中的 B 超、核磁共振、X 光照相等技术。

（3）如果已使用了可见光复制，用红外线或紫外线替代，如：

在黑夜中，利用红外线来观察物体（红外线夜视仪）。

27. 廉价替代品原理

廉价替代品原理是用廉价的、一次性的等效物来代替昂贵的、长使用寿命的物体，目的是降低成本、增强便利性、延长使用寿命等等。这条发明原理有一个指导原则，即用廉价的物体代替昂贵的物体，同时降低某些质量要求，实现相同的功能，如：

①酒店提供一次性拖鞋、一次性洗漱用品；

②婴儿用的纸尿裤。

【例】钢管内壁的润滑油

将钢板加温来轧制钢管，轧制完成后，需要在冷却前给钢管内壁涂上一层均匀的润滑油。这个涂油工作看起来似乎比较简单，但是实现起来却比较复杂。需要设计制造一台专用的可移动机器进入钢管内，完成涂油工作。由于是在管内壁作业，是非平面涂油，因此涂油的速度比较慢，导致整个轧制生产的速度下降，影响生产效率。

为解决这个问题，可以制作一种上面涂好润滑油的纸带，直接贴到钢板上，纸会在高温下燃烧，剩下的只有润滑油了。这个纸带作为一次性用品，起到均匀分配润滑油的作用。

28. 机械系统替代原理

机械系统替代原理为工作原理的改变，用场（如光场、电场、磁场）或其他的物理结构、物理作用和状态来代替机械机构与系统。这条发明原理有四个指导原则。

（1）用光学、声学、电磁学或影响人类感觉（味觉、触觉、嗅觉）的系统，来代替机械系统，如：

①用语音输入代替键盘；

②用电磁控制系统代替机械控制系统；

③用电子围栏来约束共享单车，而不是物理围栏。

（2）应用与物体相互作用的电场、磁场、电磁场，如：

①用电场来分离粉末；

②磁悬浮列车用磁场来提供升力。

（3）用运动场代替静止场，用可变场代替静态场，用结构化场代替非结构化场，用确定场代替随机场，如：

①交流电具备很多直流电没有的优点，如自带旋转磁场、可通过电容等；

②相控阵雷达通过相位扫描，可获得更多目标物的信息。

（4）把场与场作用的粒子结合起来使用，如：

①铁磁粒子；

②可随光线强度变化颜色的玻璃。

29. 气动或液压结构原理

气动或液压结构原理是通过利用气体或液体或者其他可膨胀或可充气的系统来实现气动或液压类的功能。在应用时要注意观察系统中是否包含具有可压缩性、流动、湍流、弹性及能量吸收等属性的组件。这条发明原理的指导原则有一个，即将物体的固体部分，用气体或流体代替，如充气结构、充液结构、气垫、液体静力结构和流体动力结构等，如：

①气垫船；

②充气橡皮艇；

③汽车的安全气囊。

30. 柔性壳体或薄膜结构原理

柔性壳体或薄膜结构原理是利用柔性壳体或薄膜结构来代替其他的刚性结构，或者是利用柔性壳体或薄膜来隔离某个物体与其所处的外界环境。这条发明原理有两个指导原则。

（1）使用柔性壳体或薄膜代替标准结构，如：

①"水立方"游泳馆采用了薄膜结构；

②很多体育馆采用了柔性壳体结构。

（2）使用柔性壳体或薄膜将物体与环境隔离，如：

①潜水服；

②农用塑料膜，把幼苗根部与外部隔离，保持水分；

③人们在海滩上涂抹防晒霜。

31. 多孔材料原理

多孔材料原理是通过在材料或对象中打孔、开空腔或通道来增强其多孔性，从而改变某种气体、液体或固体的状态。这条发明原理有两个指导原则。

（1）把物体变为多孔或加入多孔物体（如多孔嵌入物或覆盖物），如：

①多孔砖，能够在降低强度的情况下，有效减轻墙体自重；

②活性炭过滤器中有很多小孔；

③第二次世界大战时，日本的"零"式战机重量轻的一个秘密是所有的铝合金结构都被钻了孔。

（2）若物体已是孔结构，在小孔中事先填入某种物质，如：

①用多孔的金属网吸走接缝处多余的焊料；

②药棉可以吸附液体。

32. 颜色改变原理

颜色改变原理是改变物体的光学特性，目的是提升系统价值，可用于便利化检测、改善测量效果、标示位置、指示状态改变、目视控制、掩盖问题等。这条发明原理有四个指导原则。

（1）改变物体或环境的颜色，如：

①变色龙可以根据环境改变自己的颜色，实现伪装；

②示温材料在不同的温度下呈现不同的颜色；

③仪表盘上的仪表指针和按钮设计成不同的颜色，更醒目，不容易看错。

（2）改变物体或环境的透明度，如：

①战场上施放烟雾（降低透明度）；

②变色玻璃；

③高压锅用玻璃制作窗口，可以看见食物的状态。

（3）在难以看清的物体中，使用有色添加剂，如：

①用显微镜观察洋葱细胞时，利用染色剂让细胞结构更清晰；

②在中水中添加染色剂，避免中水被人饮用；

③可用着色探伤法来检测工件的表面缺陷。

（4）如果已经添加了色剂，则借助发光迹线追踪物质，如：

①闹钟上的时刻点涂上荧光；

②纸币上有荧光防伪装置；

③高速公路上的荧光反光板。

33. 同质 / 匀质性原理

如果两个或多个对象之间存在很强的相互作用，那么，通过使这些对象的关键特征或特性一致，从而实现同质性。同质 / 匀质性原理指导原则有一个，即存在相互作用的物体，用相同材料或特性相近的材料制成，如：

①金刚石只能用金刚石来切割；

②混凝土构件上的预留洞口，只能用相同标号的混凝土来回填；

③尽量应用与被焊接构件相同材质的焊条。

34. 自弃与修复 / 抛弃或再生原理

自弃与修复 / 抛弃或再生原理包含两个动作：抛弃和再生，可以看作是两者的结合。抛弃是指从系统中去除某些对象，再生是对系统中的某消耗的对象进行恢复，以便再次利用。这条发明原理有两个指导原则。

（1）采用溶解、蒸发等手段，抛弃已完成功能的零部件，或在系统运行过程中，修改它们，如：

①用在高温下容易挥发的材料制作芯模，铸造时模具消失，容易铸造复杂的铸件；

②手术时，使用可被吸收的材料制作的线来缝合伤口；

③火箭助推器在火箭升空后被抛弃。

（2）在工作过程中，迅速补充系统或物体中消耗的部分，如：

①自动铅笔；

②自动步枪可以实现枪弹的自动装填。

【例】如何分离石油

一家石油化工厂，需要经常使用同一条管道长距离轮换输送不同种类的成品油。为避免不同液体混合到一起，需要在需要输送的两种液体间加一个分隔器，将液体分开来。常用的分隔器是一个活塞状的橡胶球。这种分隔器不能保证效果，因为管道液体处于高压状态，液体会渗透分隔器而产生混合。而且，因为管道每200千米就有一泵站，分隔器不能通过泵站，需要取出来，再放到下一段管道。

我们需要一种分隔器，既能通过泵站，又能避免不同液体产生混合。

我们可以用抛弃原理来解决这个问题：用氨水做分隔器，可以与油一样通过泵站。到达目的地后，氨水会变成气体挥发掉，对成品油没有产生危害。氨水完成自己的分割使命后便被抛弃了。

35. 物理或化学参数改变原理

在解决技术问题时，可以考虑通过改变系统或对象的属性——包括物理状态、化学状态，如密度、导电性、机械柔性、温度、几何参数等，来实现系统的新功能。物理或化学参数改变原理有四个指导原则。

（1）改变物体的物理聚集状态（如气态、液态、固态之间变化），如：

①空调制冷是利用物质在气态与液态间转化时的吸热和放热效应；

②为了便于运输，把天然气压缩成液态；

③用冰块来为荔枝保鲜。

（2）改变对象的密度、浓度、黏度，如：

①脱水的橘子粉更容易运输；

②液体肥皂是浓缩的，而且从使用的角度看比固体肥皂更有黏性，更容易分配合适的用量，当多人使用时也更加卫生。

（3）改变对象的柔性，如：

①橡胶经过硫化，可改变其柔性和耐久性；

②汽车的减震系统可利用柔性材料制作。

（4）改变对象的温度，如：

把铁加热到居里点之上，消除其磁性。

36. 相变原理

相变原理利用对象在固态、液态、气态的转化过程中所出现的作用，来实现某种效应或使某个系统发生改变。相变原理有一个指导原则，即利用物体在相态改变过程中的某种现象或效应，（相变导致的体积改变、吸热或放热效应等），如：

①与其他大多数液体不同，水在冰冻后会膨胀，可以作为某种缓性炸药来实现爆破的功能；

②热力泵的原理就是在封闭的热力学循环中利用蒸发和冷凝的热量来做有用功的。

37. 热膨胀原理

热膨胀原理是利用物体受热膨胀的效应来产生"动力"，从而将热能转换为机械能或机械作用。这条发明原理有两个指导原则。

（1）利用材料的热膨胀或热收缩，如安装轴承时，先将轴承放在滚烫的热油中，待其膨胀后可轻松安装在轴上。

（2）将几种热膨胀系数不同的对象组合起来使用，如一个典型的例子就是双金属片开关。

38. 强氧作用原理

强氧作用原理是通过提供更强更纯的氧元素，让氧化反应的强度级别增加。这条发明原理有四个指导原则。

（1）用富氧空气代替普通空气，如医院用的高压氧舱。

（2）用纯氧代替空气，如乙炔切割时，为提高火焰温度，用工业氧气代替空气。

（3）把空气或氧气进行电离辐射，如利用电离的空气来降低空气的阻抗。

（4）使用臭氧代替氧气，如用臭氧溶于水中去除船体上的有机污染物。

39. 惰性环境原理

惰性环境原理是通过去除所有氧化性的资源和容易与目标起反应的资源，从而建立一个惰性或中性环境。这条发明原理有两个指导原则。

（1）用惰性环境代替正常环境，如：

①氩弧焊，用惰性气体来阻隔空气；

②用氮气充入灯泡中，阻止灯丝在高温下被氧化；

③用氮气代替空气充入汽车轮胎，这有两个好处：一方面氮气膨胀系数小，另一方面可防止轮胎内部氧化。

（2）使用真空环境，如：

①真空电子管；

②真空包装可以让食物保鲜。

40. 复合材料原理

复合材料指把两种或多种不同的材料整合在一起的整体材料。复合材料原理有一个指导原则，即用复合材料代替匀质材料，如：

①坦克的复合装甲；

②复合的环氧树脂/碳素纤维高尔夫球杆更轻，强度更好，而且比金属更具有柔韧性；

③汽车采用钢与碳纤维的复合材料。

7.3.3 发明原理小结

40 条发明原理是阿奇舒勒总结的，要灵活应用这些发明原理，就需要对这些原理进行深入理解。可以从以下几个方面着手，对发明原理进行熟悉。

1. 各原理不是并列或者对立的关系，而是相互融合的

40 条发明原理间不是完全割裂的，也没有明确的界线，更不是对立的关系。在实际应用中我们可以发现，很多发明原理间存在联系，如分割与组合原理通常会连起来应用；很多技术解决方案可以同时用多个发明原理来解释，也就是说，在实际应用中，不同的发明原理往往可以得到相同的解决模型，这说明发明原理间是相互融合的。

2. 发明原理与系统进化法则、技术冲突、物理冲突都是密切相关的

无论是发明原理还是系统进化法则，都是基于大量的统计和观察，它们的来源有共同性，两者自然是相互契合和相互印证的。例如，如果我们分析"超系统进化法则"时，就可以发现组合原理、多用性原理、未达到或过度作用原理、多维化 / 维数变化原理、机械系统替换原理、同质原理等都可以体现这个法则。

40 条发明原理属于解决问题的工具，它们是技术冲突、物理冲突等问题分析工具的延伸。

3. 发明原理的各指导原则之间层次有高低

40 条发明原理的各指导原则，前面的是概括性叙述，后面的更具体，各指导原则间是逐渐细化、递进的关系。

4. 发明原理的分类

为了便于记忆，很多研究者对 40 条发明原理进行了归类，在此以各发明原理的用途进行分类，如表 7-6 所示。

表 7-6　发明原理分类

用途	发明原理
提高系统协调性	1. 分割，3. 局部特性，4. 不对称性，5. 组合 / 合并，6. 多用性，7. 嵌套，8. 反重力 / 重量补偿，30. 柔性壳体或薄膜结构，31. 多孔材料
消除有害作用	2. 抽取 / 分离，9. 预先反作用，11. 预先防范，21. 减少有害作用时间 / 急速作用，22. 变害为利，32. 颜色改变，33. 同质 / 匀质性，34. 自弃与修复 / 抛弃或再生，38. 强氧作用，39. 惰性环境
提高系统效率	10. 预先作用，14. 曲面化，15. 动态特性，17. 多维化 / 维数变化，18. 机械振动，19. 周期性作用，20. 有效持续作用，28. 机械系统替代，29. 气动或液压结构，35. 物理或化学参数改变，36. 相变，37. 热膨胀，40. 复合材料
改善操作和控制	12. 等势，13. 反向作用，16. 未达到或过度作用，23. 反馈，24. 借助中介，25. 自服务，26. 复制，27. 廉价替代品

5. 发明原理的应用频率

40 条发明原理不是按使用频率排号的，各发明原理使用频率也不尽相同，表 7-7 中列出了使用频率较高的发明原理。

表 7-7 发明原理使用频率

排名	原理及其编码	排名	原理及其编码
1	参数变化（35）	6	动态化（15）
2	预操作（10）	7	周期性动作（19）
3	分割（1）	8	振动（18）
4	机械系统的替代（28）	9	改变颜色（32）
5	分割（2）	10	反向（13）

7.4 阿奇舒勒冲突矩阵

40 条发明原理是阿奇舒勒在对全世界专利进行分析研究的基础上总结而来的。在不同时代、不同领域的发明中，这些规则都反复被采用，每条规则并不被限定只能用于某一领域。这些融合了物理的、化学的和各工程领域的原理，可适用于不同领域的发明创造。可以用有限的 40 条原理来解决无限的发明问题。实践证明这些发明原理对于指导设计人员的发明创造具有重要的作用。

阿奇舒勒将 39 个通用工程参数和 40 条创新原理有机地联系起来，建立起对应关系，整理成 39×39 的矛盾矩阵表。其中第 1 行或第 1 列为按顺序排列的 39 个描述冲突的工程参数序号。除第 1 行和第 1 列外，其余 39 行与 39 列形成一个矩阵，矩阵元素中或空、或有几个数字，这些数字表示在 40 条发明原理中推荐采用的发明原理序号。矩阵表中，列代表的工程参数是系统改善（所谓改善是指与我们期望一致）的特性；行代表的工程参数是系统恶化（所谓恶化是指与我们的期望相反）的特性。表 7-8 所示为冲突矩阵表（局部示例），详细的冲突矩阵表见附表 1。

表 7-8 冲突矩阵表（局部示例）

恶化参数→ 改进参数↓	1 运动物体的重量	2 静止物体的重量	3 运动物体的长度	4 静止物体的长度	5 运动物体的面积	6 静止物体的面积	7 运动物体的体积	8 静止物体的体积
1 运动物体的重量			15, 8, 29, 34		29, 17, 38, 34		29, 2, 40, 28	
2 静止物体的重量				10, 1, 29, 35		35, 30, 13, 2		5, 35, 14, 2
3 运动物体的长度	8, 15, 29, 34				15, 17, 4		7, 17, 4, 35	
4 静止物体的长度		35, 28, 40, 29				17, 7, 10, 40		35, 8, 2, 14
5 运动物体的面积	2, 17, 29, 4		14, 15, 18, 4				7, 14, 17, 4	
6 静止物体的面积		30, 2, 14, 18		26, 7, 9, 39				
7 运动物体的体积	2, 26, 29, 40		1, 7, 4, 35		1, 7, 4, 17			
8 静止物体的体积		35, 10, 19, 14	19, 14	35, 8, 2, 14				

7.5 技术冲突问题分析与解题流程

在遇到技术冲突问题时，直接套用 40 条发明原理有可能得到解决方案，但随机性较大，且与设计者专业知识或见识相关，又可能重新进入传统顿悟式或试错式创新过程中。阿奇舒勒在总结出 39 个通用工程参数和 40 条发明原理后，根据冲突问题出现的场合与解决方案，归纳出冲突矩阵，使得当再遇到类似的冲突问题时，优先利用矩阵里推荐的发明原理即可解决此类问题，从而提高创新的成效。也就是当遇到技术冲突问题时，按照图 7-4 的流程，将遇到的技术问题通过通用工程参数的转换，变为一般性技术冲突问题，针对改善与恶化的参数，查询阿奇舒勒冲突矩阵，找到对应的发明原理，最终根据发明原理的提示，将之转化为所遇问题的解决方法。

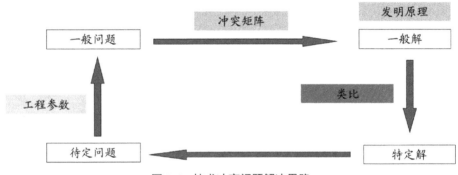

图 7-4　技术冲突问题解决思路

所以，在经典 TRIZ 中，对技术冲突问题，可使用图 7-5 所示的流程进行问题分析与解决。

图 7-5　技术冲突问题解决流程

1. 技术冲突问题描述

根据第 5 章功能分析与第 6 章因果分析等问题分析工具，找到当前技术系统中存在的问题。根据解决问题能想到的途径及带来改善与恶化的参数，使用如 7.1.2 所介绍的技术冲突描述方式来描述问题。

2. 通用工程参数转换

根据采取途径改善与恶化的参数，按其在技术系统中所发挥的作用，转换为对应的 39 个通用工程参数中的通用参数。

3. 查冲突矩阵

按照改善的参数（对应列）及恶化的参数（对应行），找到矩阵中的对应位置，得到推荐的发明原理序号。

4. 查发明原理

根据阿奇舒勒矩阵中推荐的发明原理，查询对应发明原理的解析，结合问题进行思考。

5. 初步形成方案

根据推荐发明原理的应用场景，结合遇到的实际问题，类比思考，形成初步解决方案。所推荐的发明原理可一一进行类比思考，得到相应候选方案。

6. 方案评价

对所有形成的初步方案进行评价，选取可行性高的方案进行完善，以解决出现的问题。

7.6 技术冲突问题案例分析

坦克是现代战争中常用的作战武器，要求有较好的机动性，并有较强的抗打击能力的装甲。试使用发明原理改进坦克的装甲。

1. 技术冲突问题的描述

使用技术冲突问题描述方式描述坦克装甲改进问题为：

如果安装厚重的装甲，那么可以提升坦克抗打击能力，但是会降低坦克的机动性；如果安装轻薄的装甲，那么可以提升坦克的机动性，但是会降低坦克的抗打击能力，如表 7-9 所示。

表 7-9　坦克装甲技术冲突的描述

关键词	技术冲突 1	技术冲突 2
如果	厚重装甲	轻薄装甲
那么	抗打击能力	机动性
但是	机动性	抗打击能力

2. 通用工程参数转换

以第一种描述技术冲突方式为例，加厚装甲改善了坦克抗打击能力，即增大了坦克装甲的强度，对应通用工程参数为强度（14）；恶化了坦克的机动性，即坦克质量过大，对应通用工程参数为运动物体的重量（1），如表 7-10 所示。

表 7-10　坦克装甲的技术冲突

改善参数	通用工程参数	恶化参数	通用工程参数
抗打击能力	14（强度）	机动性	1（运动物体的重量）

3. 查阿奇舒勒冲突矩阵

改善参数强度即对应行 14，恶化参数为运动物体的重量，对应列 1。找到阿奇舒勒冲突矩阵对应位置，如表 7-11 所示。

表 7-11　阿奇舒勒冲突矩阵（局部）

恶化参数→ 改进参数↓		1 运动物体的重量	2 静止物体的重量	3 运动物体的长度	4 静止物体的长度	5 运动物体的面积	6 静止物体的面积	7 运动物体的体积	8 静止物体的体积
1	运动物体的重量			15，8，29，34		29，17，38，34		29，2，40，28	
2	静止物体的重量				10，1，29，35		35，30，13，2		5，35，14，2
3	运动物体的长度	8，15，29，34				15，17，4		7，17，4，35	
4	静止物体的长度		35，28，40，29				17，7，10，40		35，8，2，14
5	运动物体的面积	2，17，29，4		14，15，18，4				7，14，17，4	
6	静止物体的面积		30，2，14，18		26，7，9，39				
7	运动物体的体积	2，26，29，40		1，7，4，35		1，7，4，17			
8	静止物体的体积		35，10，19，14	19，14	35，8，2，14				
9	速度	2，28，13，38		13，14，8		29，30，34		7，29，34	
10	力	8，1，37，18	18，13，1，28	17，19，9，36	28，10	19，10，15	1，18，36，37	15，9，12，37	2，36，18，37
11	应力、压强	10，36，37，40	13，29，10，18	35，10，36	35，1，14，16	10，15，36，28	10，15，36，37	6，35，10	35，24
12	形状	8，10，29，40	15，10，26，3	29，34，5，4	13，14，10，7	5，34，4，10		14，4，15，22	7，2，35
13	稳定性	21，35，2，39	26，39，1，40	13，15，1，28	37	2，11，13	39	28，10，19，39	34，28，35，40
14	强度	1，8，40，15	40，26，27，1	1，15，8，35	15，14，28，26	3，34，40，29	9，40，28	10，15，14，7	9，14，17，15

4. 查发明原理

推荐的发明原理有 4 条，分别对应分割（1），反重力 / 重力补偿（8），复合材料（40），动态特性（15）。

5. 形成初步解决方案

针对发明原理（1）——分割原理，由于坦克往往用于正面攻坚，正面装甲应尽量厚些，而对其他部位要求可适当降低，以减少总重量。

针对发明原理（8）——反重力 / 重力补偿原理，可在坦克壳体内充氦气，减少重量。

针对发明原理（40）——复合材料原理，可使用高强度、低密度材料代替制造装甲的合金钢。

针对发明原理（15）——动态特性原理，可将部分装甲做成可动部分，自动调节防御子弹。

6. 方案评价

在当代，坦克装甲都采用复合材料制成，典型的复合装甲有"乔巴姆"装甲、贫铀装甲、缝隙装甲等；同时，在坦克不同位置，装甲厚度也有所不同；并且，有关坦克的主动防护系统的研发已取得一些进展，且有的已经投入使用。

第 8 章 物理冲突及分离原理

在第 7 章中我们介绍了技术冲突，并用发明原理对其进行分析，以寻求解决的方法，在本章中我们将介绍另一种冲突——物理冲突，以及对应的解决方法——分离原理。

8.1 物理冲突

8.1.1 概述

在一个技术系统中，若对某一个参数或属性具有相反的两个需求，此时出现的冲突就是物理冲突。例如，我们使用的桌子，希望它的桌面薄一些，轻巧易于移动；但同时又希望厚一些，牢稳耐用。又或，我们通常希望手机屏幕大一些，这样可以拥有清晰舒适的使用体验；又希望手机屏幕小一点，这样可以方便存放与携带。

物理冲突常表现为一个系统中的一个子系统或组件的参数或属性冲突。如图 8-1 所示，对于拔河绳子的中点这一元素（参数）来说，有着两个不同的要求，左队希望它在左队一侧，右队希望它在右队一侧，这一冲突就是直观地体现了这种既此又彼的冲突关系。相对于技术冲突，物理冲突是一种更尖锐的冲突，依照 TRIZ 理论，物理冲突要彻底消除。物理冲突的基本原理是：在同一时间、同一空间、同一关系、同一系统内不可能具有相反的特性。

图 8-1 物理冲突

8.1.2 物理冲突与技术冲突的关系

一般，每个技术冲突背后都有相应的物理冲突。在第 7 章中，我们学到了技术冲突的发生是为了实现改进目标，采取了某一措施或途径后，导致了不希望的结果产生，改进目标和不期望的结果就组成一对技术冲突。但是，当我们使用了相反的措施或途径时，上一组技术冲突改进的目标与不期望的结果发生了变换，如图 8-2 所示。

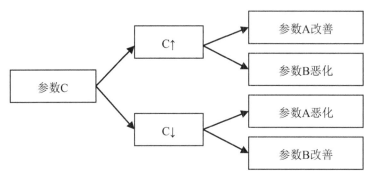

图 8-2　技术冲突与物理冲突的关系

在我们采取措施或途径时，其实我们是改变了系统中某一个参数 C，当对 C 进行不同的变换时，参数 A 和参数 B 作为技术冲突的两端，一个改善，另一个恶化。在技术冲突中，我们重点描述的是参数 A 和 B 构成的"鱼与熊掌不可兼得"，而当我们把关注点放到我们采用的措施或途径中修改的参数 C 时，会发现为了改善参数 A 和参数 B，对参数 C 有相反的要求，此时对一个参数有相反的要求就是这个参数的物理冲突问题。

一般情况下，物理冲突是更为深层次的冲突，是系统的本质冲突或内在冲突。

8.1.3 物理冲突的描述

对于一个物理冲突问题，通常采用"为了某一条件，需要参数为正；为了另一条件，需要该参数为负；该参数既要正又要负"的形式描述。例如，对于电风扇吹风声音大的物理冲突描述为：

为了得到更大的风，需要电风扇功率大；为了更小的噪声，需要电风扇功率小；即电风扇功率既要大又要小。

针对第 7 章中运输卡车一例，使用物理冲突对其中一组技术冲突来进行描述为：

为了盛放更多的货物，需要车厢体积要大；为了有更好的道路通过性，需要车厢的体积要小；即车厢体积既要大又要小。

　　物理冲突根据技术系统可能出现的具体问题，选择具体的描述方式来进行表达。总结归纳物理学中的常用参数，主要有四大类：几何类、材料及能量类、功能类和方向类。每大类中的具体参数和冲突如表 8-1 所示，实际工作中遇到的物理冲突可能远不止本表所列范围，只要是同一参数存在相反的两种要求，即为物理冲突。在确定物理冲突的参数时，无须进行 39 个通用工程参数的转换，只要能找到某个参数存在的冲突即可。

表 8-1　物理冲突常用参数和冲突

类别	物理冲突			
几何类	长与短	对称与非对称	平行与交叉	薄与厚
	圆与非圆	锋利与钝	窄与宽	水平与垂直
材料及能量类	多与少	密度大与小	导热率高与低	温度高与低
	时间长与短	黏度高与低	功率大与小	摩擦系数大与小
功能类	运动与静止	强与弱	软与硬	成本高与低
	喷射与堵塞	推与拉	冷与热	快与慢
	开与关	有与无	松开与禁固	通与堵
方向类	左与右	前与后	前进与后退	旋转顺转与逆转
	上与下	上升与下降		

8.2 分离原理

8.2.1 物理冲突的解决方法

　　对于物理冲突问题，不学生者提出的方法也有所差异。阿奇舒勒在 20 世纪 70 年代提出了 11 种解决方法，后经整理与总结，形成当前应用场合最为广泛的 4 条分离原理。此外，也有部分学者在分离原理的基础上又进行了改进，提出物理冲突分离、满足与绕过的解决体系。本书以 4 条分离原理来解决物理冲突问题。

8.2.2 分离原理

　　在同一空间、同一时间、同一条件下，同一元件是不可能具有相反的特性。因此，要消除物理冲突，就需要在空间、时间、不同条件或不同元件（层次）下实现冲突要求的分离。

1. 空间分离原理

所谓空间分离原理是指将冲突双方在不同的空间分离，以降低解决问题的难度。当关键子系统冲突双方在某一空间只出现一方时，空间分离是可能的。空间分离原理可以描述为：系统或元件的某一部分有特性 P，另一部分具有特性 -P，在空间上分离这两部分。

应用该原理时，首先应回答如下问题：是否在整个系统空间中都存在这一冲突？如果在空间中的某一处只需满足冲突一方的需求，那么利用空间分离原理是可能的。

【例】自行车的变化

早期自行车如图 8-3 所示。其物理冲突为：在骑行频率一定的前提下，为了提高骑车速度，需要车轮直径大；为了骑行安全方便，需要车轮直径小；车轮直径既要大又要小形成了物理冲突。可以看出，车辆行驶区域需要车轮大；而车辆乘坐区域需要车轮小，二者并不是在整个空间冲突，可以讲骑乘位置与行驶位置分离，在结合链传动增速，使小轮也能有高速。

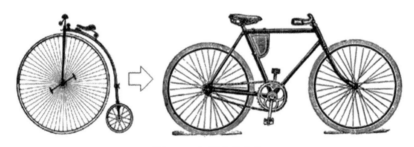

图 8-3　自行车的变换

2. 时间分离原理

所谓时间分离原理是指将冲突双方在不同的时间段分离，以降低解决问题的难度。当关键子系统冲突双方在某一时间段只出现一方时，时间分离是可能的。时间分离原理可以描述为：在某一时间，元件具有特性 P，在另一时间，该元件具有特性 -P，按时间先后次序分离为 P 和 -P。

应用该原理时，首先应回答如下问题：是否在整个时间段中都存在这一冲突？如果在某一时间段内只需满足冲突一方的需求，那么利用空间分离原理是可能的。

【例】折叠自行车

代驾需要将客户送回家后自行骑车回家，存在物理冲突：为了能更舒服更快地骑行，需要自行车稍大些；为了能将自行车放入汽车中，需要自行车小；自行车既要大又要小，形成物理冲突。可以看出，对车辆大小的需求发生在不同的时间段，故可以通过折叠的形式，在时间上将冲突进行分离，如图 8-4 所示。

图 8-4　折叠自行车

3. 基于条件的分离

所谓基于条件的分离原理是指将冲突双方在不同的条件下分离，以降低解决问题的难度。当关键子系统冲突双方在某一条件下只出现一方时，基于条件的分离是可能的。基于条件的分离原理可以描述为：在某一条件下，元件具有特性 P，在另一条件下，该元件具有特性 −P，按不同条件来分离 P 与 −P。

应用该原理时，首先应回答如下问题：是否在所有条件下中都存在这一冲突？如果在某些条件下只需满足冲突一方的需求，那么利用基于条件的分离原理是可能的。

【例】记忆合金恒温阀

记忆合金在不同的温度下，外形会发生变化。在恒温阀中，通过应用双向记忆合金，如图 8-5 所示，可以通过温度改变实现零件不同的形状，从而调节阀的开口，实现阀随温度的启闭。

图 8-5　记忆合金恒温阀

4. 整体与部分的分离

所谓整体与部分的分离原理是指将冲突双方在不同的层次分离，以降低解决问题的难度。当冲突双方在关键子系统层次只出现一方，而该方在其他子系统、系统或超系统层次内不出现时，总体与部分的分离是可能的。整体与部分分离可以描述为：系统整体具有特性 P，而其部分具有特性 −P，分离整体与部分。

应用该原理时，首先应回答如下问题：是否冲突在系统各层级中都存在？如果在不同层级中对冲突属性要求不同，那么就可以将整体与部分进行分离，也称作基于系统层级的分离。

【例】链条

链条是由刚性材料制作而成的挠性体。每一个链节都是由刚体制作而成；但整体上又是由很多独立链节通过转动副组合而成的挠性体，如图8-6所示。系统整体为柔性，而子系统为刚性。

图8-6　链条

需要注意，对于同一个物理冲突，是可以从不同角度分析并进行分离的。

8.2.3 分离原理与发明原理间的联系

使用分离原理时，并不拘泥再适用对应的发明原理。但当将冲突分离后想不到适合的方案时，可以参考发明原理的思路构思解决方案。

解决物理冲突的分离原理与解决技术冲突的发明原理之间存在关系，对于每一条分离原理，可以有多条发明原理与之对应，对应关系如表8-2所示。

表8-2　分离原理与发明原理的对应关系

分离原理	发明原理
空间分离	1，2，3，4，7，13，17，24，26，30
时间分离	9，10，11，15，16，18，19，34，37
整体与部分分离	12，28，31，32，35，36，38，39，40
条件分离	1，5，6，7，8，13，14，22，23，25，27，33，35

8.3 案例分析

【例】喷砂后处理问题

1. 问题背景

喷砂处理是利用高速砂流的冲击作用清理和粗化基体表面的过程。采用压缩空气为动力，以形成高速喷射束将喷料（铜矿砂、石英砂、金刚砂、铁砂、海南砂）高速喷射到需要处理的工件表面，由于磨料对工件表面的冲击和切削作用，使工件的表面获得一定的清洁度和不同的表面粗糙度。

喷砂后，需要把砂子从工件表面和内部清除。但对于内腔或外部复杂的零件，尤其是有孔的零件，清理砂子有时非常困难。

2. 物理冲突描述

为对工件表面产生冲击，需要有砂子；为了不影响后面工艺，需要没有砂子；既要有砂子，又要无砂子。冲突发生在不同时间内，可采用时间分离。

进一步分析可知，需要的并不是砂子自身，而是能够与表面发生碰撞作用的固体颗粒，因此该问题又可以归结为：既要有固体颗粒，又要无固体颗粒。那么在不同的条件下，颗粒实现有或无，即基于条件的分离。

考虑在一定条件下实现分离。

3. 应用分离原理求解

采用时间分离。喷砂时有砂子，清理时没有砂子，即问题转化为如何清理复杂结构内部砂子的问题，需要进一步进行问题分析与解决，在此不再展开。

采用基于条件的分离。固体颗粒在喷砂时有，在不喷砂时无。按照基于条件分离原理，需要找一种物质，在工作条件下为固体颗粒，在工作完成后，条件改变自动消失。可考虑使用易升华且对工件表面不产生有害作用的物质，如使用干冰。

第9章 裁　　剪

在前面的内容中，我们介绍了运用功能分析和因果分析来分析技术系统中存在的问题，而后针对分析得到的冲突问题，使用技术冲突或物理冲突对其进行描述，最后使用发明原理或分离原理对问题进行解决。

但是，当某一组件总是出现问题，或找到的解决手段过于复杂或不稳定，亦或某一元件成本过高时，我们就可以考虑去掉该组件，然后使用其他组件实现此组件应实现的有用功能。这种方法叫作裁剪，也可叫作剪裁。

9.1 裁剪概述

9.1.1 裁剪的概念

裁剪是 TRIZ 中的改进系统，提高系统理想化程度的重要实现工具，也是 TRIZ 中通过去除组件、激化冲突，并结合 TRIZ 的其他工具解决问题的方法。该方法是在功能分析的基础上，分析系统中每个功能及其实现元件存在的必要性，并去除不必要的功能及元件，在剩余元件上重新分配系统和超系统中的有用功能。

裁剪是在建立系统功能模型之后，按照一定的规则选择裁剪对象，然后按照裁剪规则执行裁剪过程。功能模型建立过程在第 5 章中已经叙述过，本章在此基础上进行裁剪方法的介绍。

裁剪都是从系统中某个冲突区域开始的，裁剪规则也是围绕冲突区域的。为了理解裁剪规则，需要强调构成冲突区域的三个要素，即功能载体、功能对象及其之间的作用，如图 9-1 所示。

图 9-1　功能模型

（1）功能载体。功能载体是冲突区域功能的提供者或施加者。对于系统中的某个元件，当考虑它对其他元件的作用时，该元件就是功能载体。

（2）功能对象。功能对象也就是功能分析中的功能受体，是被作用的对象，是功能的承受者。对于系统中的某个元件，当考虑其他元件对它的作用时，该元件就是功能对象。

（3）作用。在功能分析中，功能载体通过作用保持或改变了功能受体的某一参数，实现了对应功能，根据功能在技术系统组件起作用的好坏（功能类别）分为有用功能和有害功能。由此可见，对功能的评价取决于作用的效果。

作用代表了功能载体对功能对象的功能动作，一般用表达作用目的或方式的动词或场描述。两个元件间的作用一般都是相互的，但在研究过程中，如果某一方向的作用与研究目标不相关，则可以只列出相关的单向作用。按照作用效果，对照功能的分类，作用分也为充分作用、不足作用、过度作用和有害作用。冲突区域的作用是存在问题的作用，即有可能是不足、过度或有害作用。

9.1.2 裁剪的目标

通过对系统组件的裁剪，可以实现以下目标：

（1）可以转换系统中难以解决的技术难题。对于系统中在现有技术条件下难以解决或成本过高的技术问题，可以通过裁剪将问题转化为用其他组件实现原组件功能的问题。

（2）去除对系统有负面影响的功能，包括有害功能、不足功能和过度功能。裁剪方法是通过裁剪掉执行负面功能的元件，强化冲突，并利用系统或超系统资源解决冲突，达到消除不期望功能的目的。

（3）降低系统的复杂性。裁剪可减少零件数目，减小使用、操作、保养的复杂度，简化操作界面，降低操作失误，最终降低系统的复杂性。

（4）降低系统成本。裁剪可使系统在元件最少的情况下，实现预期的功能，相对原系统，可大幅减少元件数量以及由此引起的成本支出。

（5）裁剪能够从根本上规避对手专利。裁剪通过去除规避对象的一部分特征或改变部分技术特征达到规避专利的目的。

（6）裁剪能够产生新的产品，创造新市场，并且通过对产品的优化使得产品能够适应新市场。

裁剪工具可分为两类：面向产品的裁剪和面向工艺过程的裁剪。面向产品的裁剪是在系统裁剪规则引导下，裁剪系统中的元件以实现系统改进的目标；面向工艺过程的裁剪是把过程看作系统，通过裁剪规则、裁剪工艺过程中的辅助功能、子过程以改善系统过程。在本书中以面向产品的裁剪为主介绍裁剪的使用方法。

9.2 裁剪的对象与规则

9.2.1 裁剪的对象

裁剪是在建立好技术系统功能模型基础上进行的，那么应该从哪个元件开始执行裁剪，然后剩余的元件应该按照怎样的顺序进行裁剪呢？优先被裁剪的元件应具有以下特征中的一个或几个。

（1）关键负面因素。

（2）最有害功能。

（3）最昂贵元件。

（4）最低功能价值。

在确定系统中的被裁剪的目标元件时，除了参考以上四个特征外，还可以根据具体设计目标，制定其他选择原则。

针对以上四个特征，需要用不同方法进行确定。

1. 关键负面因素的确定

关键负面因素是对系统存在的问题起关键作用的因素，导致系统问题的根原因指向的因素就是关键负面因素，也就是根据因果分析结果在功能模型上确定的最终冲突区域的元件应是首先被裁剪的元件。

关健负面因素通过进行因果分析来确定。因果分析在第6章中进行了介绍，通过建立因果链，找到产生问题的根本原因。在进行裁剪时，首先针对产生问题根本原因的组件，判断是否能够执行裁剪，然后再沿因果链逐层向上分析裁剪对象。

2. 最有害功能的确定

对组件进行有用功能分析可以得到，应该把系统中执行有害功能最多的元件作为首要的裁剪对象。通过裁剪执行有害功能最多的元件，以提高系统的运作效率。

有害功能一般在建立好系统的功能模型后可以明显看到，裁剪掉产生有害功能的动作载体，以减少系统中产生的问题。

3. 最昂贵的元件的确定

裁剪的目标之一就是降低系统的成本。利用成本分析可以分析出系统成本昂贵的组件，判断是否能够执行裁剪或寻求廉价的替代品，以实现降低成本的目的。

4. 最低功能价值的确定

以上三个指标对系统都会产生较大影响，但是当不同指标针对的组件不相同时，裁剪的顺序又将如何呢？可通过最低功能价值来确定。

功能价值计算是综合考虑组件功能等级、产生问题及组件成本来进行计算的，该部分与实际系统评价相关，感兴趣的读者可通过参考文献查阅相关资料，在此不再展开介绍。

9.2.2 裁剪的规则

在确定出裁剪对象后，要根据裁剪规则判断该组件能否被裁剪。一般情况下在进行裁剪时可遵循以下四条规则。

1. 裁剪规则 A

如果功能对象被去掉了，那么功能载体是可以被裁剪掉的，如图 9-2 所示。

图 9-2　裁剪规则 A

【例】梳子的功能是整理头发，功能载体是梳子，功能的对象是头发，改变的参数是头发的排列状态。但对光头来说，功能的对象头发是不存在的，那么作为功能载体的梳子，也没有必要存在了，梳子可以被裁剪掉。

2. 裁剪规则 A+

对于裁剪规则 A，还有一个延伸就是裁剪规则 A+。如果功能载体提供的功能被裁剪了，那么功能的载体也是可以被裁剪的，如图 9-3 所示。

图 9-3　裁剪规则 A+

【例】梳子的功能是整理头发。功能载体是梳子，功能的对象是头发，改变的参数是头发的排列状态。但当梳子断齿过多，不能整理头发时，即梳子的有用功能被裁剪掉了，那么梳子也就没有用了。

3. 裁剪规则 B

如果功能对象能自身执行功能载体所执行的有用功能，功能载体可以裁剪，如图 9-4 所示。

图 9-4　裁剪规则 B

【例】割草机的功能是切割草。功能载体是割草机，功能的对象是草，改变的参数是草的长度。但对于特定草种，长到一定长度不再增长，功能对象草长度得到自控，那么作为功能载体的割草机，就没有必要存在了。

4. 裁剪规则 C

如果从系统或超系统中找到另一元件执行原有用功能，原功能载体可以裁剪，如图 9-5 所示。

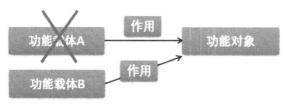

图 9-5　裁剪规则 C

【例】汽车空调制热。功能载体是空调，功能的对象是空气，改变的参数是空气的温度。空调可以制热，但利用发动机工作时产生的热量同样可以加热空气。功能载体变为发动机，那么作为空调（制热部分），就没有必要存在了。

上述的规则中，规则 A 是最激进的，因为它要同时去掉两个组件。而在实际应用中，应用最多的是裁剪规则 C。

9.2.3 功能的再分配

裁剪的规则可以用于发现可裁剪的对象，也可以用于帮助我们分析在有组件被裁剪后，如何维持系统的正常功能。

当使用裁剪规则 A 裁剪后，因为功能对象被裁剪掉，原功能不再需要；使用裁剪规则 B 裁剪后，靠功能对象本身可提供原功能的自服务；但在使用裁剪规则 C 进行裁剪后，原功能载体被裁剪掉，需要有其他功能载体实现原功能。我们可以从剩余组件中寻找新的功能载体，当剩余组件具有以下条件之一时，就可以考虑成为新的功能载体。

1. 条件 1：一个组件能够对功能对象执行相似的功能

如图 9-6 所示，功能载体 A 与功能载体 B 都对功能对象施加了相似的作用。

当功能载体 A 被裁剪掉后，利用功能载体 B 实现原功能载体 A 的功能。

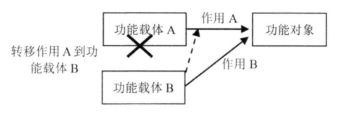

图 9-6　功能再分配条件 1

例如，在做菜时，炒锅突然损坏不能使用，视为被裁剪掉的组件，而蒸锅、饭盒同样具备盛放食物的功能，代替炒锅实现原功能。

2. 条件 2：一个组件对另一个对象执行了类似的功能

如图 9-7 所示，功能载体 A 与功能载体 B 分别对各自对象施加了相似的作用。当功能载体 A 被裁剪掉后，利用功能载体 B 实现原功能载体 A 的功能。

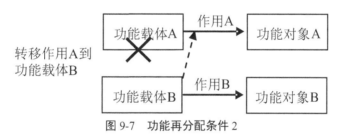

图 9-7　功能再分配条件 2

例如，椅子的功能是支撑人，桌子的功能是支撑物品，当人较多时可坐在桌子上，利用桌子实现支撑人的功能。

3. 条件 3：一个组件对功能的对象执行任意功能

如图 9-8 所示，功能载体 B 与功能对象有其他作用。当功能载体 A 被裁剪掉后，利用功能载体 B 来执行功能 A。

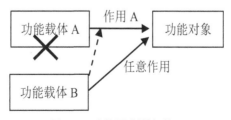

图 9-8　功能再分配条件 3

例如，汽车的功能是移动人，床的功能是支撑人，当人在自驾旅行时，可利用汽车休息，实现床的功能。

4. 条件 4：一个组件具有执行功能的一系列资源

如图 9-9 所示，功能载体 B 对作为系统组件与原功能对象没有作用，但其具有实现功能 A 的资源。当功能载体 A 被裁剪掉后，利用功能载体 B 来执行功能 A。

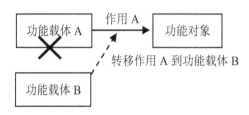

图 9-9　功能再分配条件 4

例如，使用煤气做饭加热食物，电能同样具备加热的功能，故设计出电磁炉、电饭锅等小厨电产品。尤其是自动电饭锅，还对做饭过程进行了裁剪，裁剪掉加热温度、时间等控制过程内容。

9.3 案例分析

以本书 5.3.1 的案例为例，进一步分析使用裁剪的方法解决问题。

通过前面的分析，可知其功能模型如图 9-10 所示。

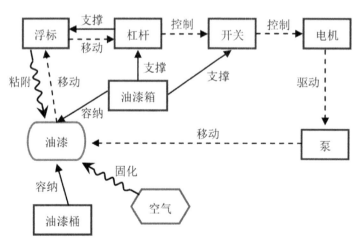

图 9-10　油漆罐装系统功能模型

9.3.1 油漆罐装系统裁剪分析

1. 选择裁剪对象

通过第 6 章因果分析我们可以看出，浮标有一个非常大的缺点，正是由于它黏附了大量的油漆从而造成油漆溢出，是系统缺点的根本原因之一，也是系统的关键负面因素。为此，以它为裁剪组件，进行裁剪。

2. 选择合适的裁剪规则

根据功能模型，杠杆有用功能包括支撑浮标和控制开关。当浮标被裁剪后，杠杆支撑浮标的功能受体被去掉，那么杠杆的功能之一也被去掉，杠杆也可被裁剪。

但是，杠杆还具有控制开关的功能，当杠杆被裁剪后，还需有系统组件或超系统组件实现原杠杆控制开关的功能，即裁剪后系统的问题变为了由谁控制开关的问题，如图 9-11 所示。

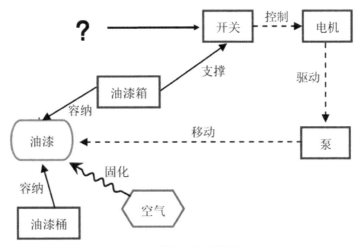

图 9-11　裁剪后的功能模型

3. 功能的再分配

由于杠杆被裁剪，需将控制开关的功能进行再分配。根据前述因果分析的内容，控制开关的目的是要控制油漆的量，那么我们从剩余组件中找寻能控制油漆量的资源。杠杆被裁剪后，剩余与油漆直接作用的元件包括油漆箱、泵、油漆桶、空气和油漆本身，需要从中找到实现测量油漆量的资源。

在原系统中，是通过杠杆高度来测量油漆量的。如果使用油漆本身来检查油漆的量，根据液体压力计算原理，可以利用其底部压强作为检测手段来测量油漆的量。在油漆箱底部安装压力传感器，通过检测油漆底部压力计算出液面高度，当低于设定值时，打开开关。裁剪后的功能模型如图 9-12 所示。

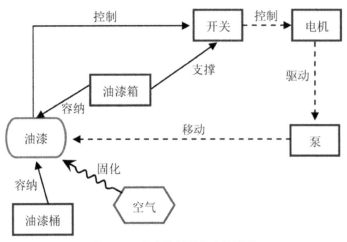

图 9-12　油漆控制开关功能模型

如果使用油漆箱来检查油漆的量，可利用油漆的重量，计算出油漆液面高度，当低于设定值时，打开开关。功能模型如图 9-13 所示。

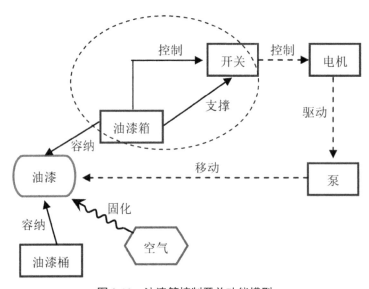

图 9-13　油漆箱控制开关功能模型

9.3.2 油漆罐装系统深度裁剪分析

如果按照裁剪规则进一步进行裁剪，将开关、电机、泵全部裁剪掉，系统的问题就变为如何定量地将油漆从油漆桶移动到油漆箱。

当前油漆桶容纳油漆，根据功能再分配条件 3，可知考虑从油漆桶实现油漆移动功能。显然，要移动油漆需要能量，根据资源分析，可利用免费的资源——重力作为移动油漆的力，即把油漆桶高置。那如何来控制油漆移动的启停呢？可以利用虹吸原理，实现对液面的控制，如图 9-14 所示。

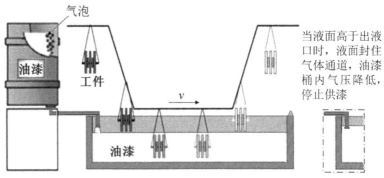

图 9-14　深度裁剪工作原理

第10章 效应与功能导向搜索

通过裁剪，我们通常会发现将原系统存在的问题转化成为原功能如何实现的问题。此外，在遇到管理冲突问题时，也尚未介绍解决的方法。那么，诸如此类功能如何实现的问题，应如何解决呢？

效应是指在有限的环境下，一些因素和一些结果构成的一种因果现象，多用于对自然现象和社会现象等的描述，例如温室效应、蝴蝶效应、木桶效应等。在工程技术领域，科学效应确定了产品的功能与实现该功能的科学原理之间的相关性，建立了科学与工程应用之间的联系。

当我们把问题转化后，不知道如何去解决时，如果能知道在另外的领域中已经有了成熟的解决与应用经验，那么将这个成熟的解决方案移植到我们的系统之中，就有可能解决我们的问题。而且这个解决方案是低风险、低成本的。通过效应与功能导向搜索，可以帮助我们快速找到其他领域解决我们遇到问题的成熟方案。

10.1 效应

10.1.1 概述

效应是 TRIZ 中的一种基于知识的工具，在 TRIZ 中，知识的来源是世界专利库。通过专利分析，效应确定了专利中产品的功能与实现该功能的科学原理之间的相关性，将物理、化学等科学原理与其工程应用有机结合在一起，从本质上解释了功能实现的科学依据。

在功能分析中，功能是功能载体改变或保持功能受体的某一个参数，这个参数可能是能量、物料和信息的某一属性。当描述功能时，本质上是描述此属性的变化。当这些属性的变化用科学效应来描述时，就建立了功能与实现原理之间的联系。科学效应一般用科学定律或定理描述。应用效应，可以利用本领域或者其他领域的有关定律解决设计中的问题。本章之前功能的描述，就可以通过输入量经过效应后变成的输出量来描述。例如功能模型加热物体，就可以变换为通过热传递效应的温度变化，如图 10-1 所示。

图 10-1　效应示意图及热传递效应

10.1.2 效应链与效应模式

除了某些最简单的技术系统外，绝大多数技术系统往往包含多个效应，以实现技术系统的功能为最终目标，将一系列依次发生的效应组合起来，就构成了效应链。效应链的基本组成方式称为效应模式。效应模式包括以下几种。

1. 串联效应模式

预期的输入 / 输出转换，由按顺序相继发生的多个效应共同实现，如图 10-2 所示。

图 10-2　串联效应模式

2. 并联效应模式

预期的输入 / 输出转换，由同时发生的多个效应共同实现，如图 10-3 所示。

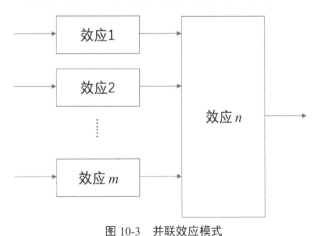

图 10-3　并联效应模式

3. 环形效应模式

预期的输入 / 输出转换，由多个效应共同实现，后一效应的输出通过一定方式返回到前一效应，作为前一效应的输入，如图 10-4 所示。

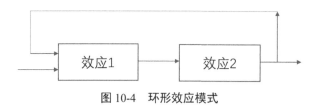

图 10-4　环形效应模式

4. 控制效应模式

预期的输入 / 输出转换，由多个效应共同实现，其中一个或多个效应的输出由其他效应的输出来控制，如图 10-5 所示。

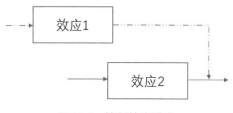

图 10-5　控制效应模式

随着人类社会的发展，现代科技的分工越来越细。在大学阶段，未来的工程师们就开始分别接受不同专业领域的训练，某一专业领域的工程师通常不会运用其他领域中解决问题的技巧和方法。同时，随着工程系统复杂程度的增加，一个技术领域中的产品往往包含多个不同专业的知识，要想设计一个新产品和改进一个已有产品，就必须整合不同专业领域的知识。但是，绝大部分工程师都缺乏有关系统整合的训练。他们往往不知道在其所面对的问题中，90% 已经在其所不了解的领域被解决了。知识领域的限制使他们无法运用其他领域解题技巧的背景知识，所以，工程师狭窄的知识领域是创新的一道障碍。

科学效应是普遍存在于各领域的特定科学现象。在解决工程技术问题的过程中，各种各样的物理效应、化学效应或几何效应以及很多不为设计者所知的某些方面的科学知识，对于问题的求解往往具有不可估量的作用。

10.2 TRIZ 中的效应

在 TRIZ 中，以世界专利为知识库，按照"从技术目标实现方法"的方式来组织科学效应库，发明者可以根据 TRIZ 的分析工具确定需要实现的"技术目标"，然后选择需要的"实现方法"及相应的科学效应。TRIZ 的效应库和组织结构，便于发明者对效应进行应用。

通过对 250 万份世界高水平发明专利的研究分析，阿奇舒勒发现了这样一个现象：那些不同凡响的发明专利通常都是利用了某种科学效应，出人意料地将已知的效应（或几个效应的综合）用到以前没有使用过该效应的技术领域中。他指出：在工业和自然科学中的问题和解决方案是重复的，技术进化模式是重复的，有 1% 的解决方案是真正的发明，而其余部分只是一种新的方式来应用已存在的知识概念。因此，对于一种新的技术问题，大多数情况下都能从已经存在的原理和方法中找到该问题的解决方案。

由于不同领域涵盖的内容过于广泛，而科学效应的数量也很多。在阿奇舒勒的建议下，TRIZ 研究者共同开发了效应数据库，总结出在工程上最为常见的 30 类功能问题，以及解决这些问题使用最为广泛的 100 种科学效应。

10.2.1 常见功能问题

表 10-1 列出了在工程上常见的具有难度的问题，为便于查找与描述，分别编制了功能代码。

表 10-1　常见难度问题及功能代码

序号	实现的功能	功能代码	序号	实现的功能	功能代码
1	测量温度	F1	13	控制摩擦力	F13
2	降低温度	F2	14	解体物体	F14
3	提高温度	F3	15	积蓄机械能与热能	F15
4	稳定温度	F4	16	传递能量	F16
5	探测物体的位移和运动	F5	17	建立移动物体和固定物体之间的交互作用	F17
6	控制物体位移	F6	18	测量物体的尺寸	F18
7	控制液体及气体的运动	F7	19	改变物体尺寸	F19
8	控制浮质（气体的悬浮微粒，如烟、雾等）的流动	F8	20	检查表面状态和性质	F20
9	搅拌混合物，形成溶液	F9	21	改变表面性质	F21
10	分解混合物	F10	22	检查物体容量的状态和特征	F22
11	稳定物体位置	F11	23	改变物体空间性质	F23
12	产生控制力，形成高的压力	F12	24	形成要求的结构，稳定物体结构	F24

10.2.2 效应库

表 10-2 列出了应用最为广泛的 100 条科学效应，为便于查找与描述，分别其编制了效应符号。

表 10-2　100 条科学效应及效应符号

序号	效应名称	效应代号	序号	效应名称	效应代号	序号	效应名称	效应代号	序号	效应名称	效应代号
1	X 射线	G1	26	电介质	G26	51	光生伏特效应	G51	76	热双金属片	G76
2	安培力	G2	27	电 - 光和磁 - 光现象	G27	52	混合物分离	G52	77	渗透	G77
3	巴克豪森效应	G3	28	电离	G28	53	火花放电	G53	78	塑性变形	G78
4	包辛格效应	G4	29	电液压冲压，电水压振扰	G29	54	霍尔效应	G54	79	摩擦减阻	G79
5	爆炸	G5	30	电泳现象	G30	55	霍普金森效应	G55	80	Thomsn效应	G80
6	标记物	G6	31	电晕放电	G31	56	加热	G56	81	韦森堡效应	G81
7	表面	G7	32	电子力	G32	57	焦耳 - 楞次定律	G57	82	位移	G82
8	表面粗糙度	G8	33	电阻	G33	58	焦耳 - 汤姆孙效应	G58	83	吸附作用	G83
9	波的干涉	G9	34	对流	G34	59	金属覆层润滑剂	G59	84	吸收	G84
10	伯努利定律	G10	35	多相系统分离	G35	60	热磁效应（居里点）	G60	85	弹性变形，形变	G85
11	超导热开关	G11	36	二级相变	G36	61	克尔效应	G61	86	形状	G86
12	超导性	G12	37	发光	G37	62	扩散	G62	87	形状记忆合金	G87
13	磁场	G13	38	发光体	G38	63	冷却	G63	88	压磁效应	G88
14	磁弹性	G14	39	发射焦距	G39	64	洛伦兹力	G64	89	压电效应	G89
15	磁力	G15	40	法拉第效应	G40	65	毛细现象	G65	90	压强	G90
16	磁性材料	G16	41	反射	G41	66	摩擦力	G66	91	液体 / 气体的压力	G91
17	磁性液体	G17	42	放电	G42	67	帕耳贴效应	G67	92	液体动力	G92
18	单相系统分类	G18	43	放射现象	G43	68	起电	G68	93	液体和气体的压强	G93
19	弹性波	G19	44	浮力	G44	69	气穴现象	G69	94	一级相变	G94
20	弹性形变	G20	45	感光材料	G45	70	热传导	G70	95	永久磁体	G95
21	低摩阻	G21	46	耿氏效应	G46	71	热电现象	G71	96	约翰逊 - 拉别克效应	G96
22	电场	G22	47	共振	G47	72	热电子发射	G72	97	折射	G97
23	电磁场	G23	48	固体（的场致，电致）发光	G48	73	热辐射	G73	98	振动	G98
24	电磁感应	G24	49	惯性力	G49	74	热敏性物质	G74	99	驻波	G99
25	电弧	G25	50	光谱	G50	75	热膨胀	G75	100	驻极体、电介体	G100

10.2.3 功能与效应

在 TRIZ 研究者的研究下，围绕 30 类工程难题，找到了其对应的 100 个科学效应和现象，从而当遇到此类问题时，可通过对应的科学效应来尝试解决。功能难度对应的效应详见附表 2。

10.2.4 使用效应解决问题的流程

设计一个新技术系统时，将两个技术过程连接在一起，就需要找到一个"纽带"，虽然人们清楚地知道这个纽带应该具备什么样的功能，但是却不知道这个纽带到底应该是什么。此时就可以到效应库中，利用纽带所应该具备的功能来查找相应的效应。

当对现有技术系统进行改造时，往往希望将那些不能满足要求的组件替换掉，此时由于该组件的功能是明确的，因此可以将该组件所承担的功能作为目标，到效应库中查找相应的效应。

在对系统进行裁剪后，被裁剪的对象的有用功能需要再分配，当在其他组件上找到具备的资源时，如何让资源实现所需功能，也可到效应库中查找对应的效应。

应用效应解决问题的一般步骤如下。

（1）根据问题的实际情况定义出解决此问题所需要的功能。

（2）根据功能从表 10-1 中明确与此功能相应的代码，即 F1 ～ F30 中的一个。

（3）从附表 2 中查找此功能代码，得到 TRIZ 中所推荐的科学效应。

（4）查找该科学效应的详细解释，并应用于问题的解决，形成解决方案。

【例】街上不间断的单调噪声使人疲乏，而且会打断工作，普通的百叶窗在一定程度上减少了噪声，但单调的噪声没有变化，这一单调的声音来自交通流引起的声音振动频率的不间断波谱。

（1）系统功能需求是降低噪声。

（2）噪声是由于结构振动引起的，降低噪声问题进一步抽象，变化为结构稳定的问题。

（3）参照工程难题中 F24 "形成要求的结构，稳定物体结构"问题，对应效应库中效应包括弹性波、共振、驻波等效应，选择振动。

（4）物理学家告诉人们，有一种频率过滤器可以改变复杂振动过程（包括声学上的振动）的频谱结构。这些过滤器是中介或变换工具，过滤或减弱特定频率的同时让其他频率通过。英国开发的一个解决方法是用具有不同大小细孔的百叶窗，使对声学振动的机械过滤达到了理想效果，使过滤后传入的声音类似于沙滩上的声音的频谱，这些声音不再引起疲劳、分散注意力等。

10.3 功能导向搜素

随着科技发展越来越快，学科交叉融合越来越深，前述效应库涵盖内容略显不足。越来越多企业也着手研发计算机辅助创新（CAI）系统，效应知识库的建立与应用是其中重要一环。

由于效应是以科学现象的角度描述功能的，我们遇到的往往也是功能如何实现的问题，所以在新的创新方法体系中，可以通过对功能实现的搜索，利用效应知识库实现所需功能。

10.3.1 功能的一般化

对于功能的定义，我们在前面的功能分析中已作了部分介绍。大多时候，我们在使用搜索引擎时，搜索的关键词往往是功能载体，然而我们真正需要的却是它的功能。当搜索词为功能载体时，同样能实现相似功能的其他元件就搜不到了。例如，我们为清理地面上的灰尘，需要使用扫把，如果搜索扫把，同样能实现清除地面灰尘功能的吸尘器是搜不到的。所以，当我们运用关键词在搜索引擎中搜索时，很难突破我们所处的领域而将其他领域的解决方案搜索出来，究其原因，主要是因为我们在搜索的时候使用了术语，比如，化石复原，就会将我们限制在考古领域进行选择，找到并运用其他领域的解决方案的可能性就很小了。

在半导体领域，有一种技术叫蚀刻，也就是把半导体衬底表面很薄的一层材料去掉。在考古的时候，需要把古董表面的一些灰尘去掉，让古董露出它的本来面貌；在医学领域，牙科医生需要将牙齿表面上的牙屑去掉，也就是洗牙。虽然在不同的领域，所使用的术语是不一样的，但是如果去除这些不同领域的术语，它们的功能是相同的。也就是，从物体表面去除微小的颗粒。

假如我们现在遇到这样一个问题，用什么样的方法可以高质量地擦玻璃，用功能的语言来描述就是去除玻璃表面的灰尘。如果我们对这个功能进行一般化处理，也就是去除物体表面微小的颗粒。那么与上面所提到的半导体、考古、医学等领域的解决方案也可以被移植过来解决我们的问题。

对功能进行一般化处理，也就是将功能中的动词，以及功能对象中的术语去掉，用一般化的语言代替。比如牙齿上的牙屑和地面上的灰尘都可以用微粒来代替，把水用液体来代替，把蚀刻用去除来代替，等等。简言之，就是将功能描述中的动词和名词提炼得越抽象越好。

10.3.2 领先领域

领先领域是指目前某个技术应用最为成熟的领域，或者说我们所要解决的功能问题在这个领域里相当关键，更加严苛，而且必须找到非常好的解决方案，如果解决不好该问题就会产生非常严重的后果。所以在这个领域里，人们为了解决该问题，已经投入了相当的时间、智慧和财力，产生了一系列的解决方案。比如手术室里的杀菌问题，半导体生产线的洁净问题，这些问题比我们一般情形下所遇到的问题要严苛得多，在这些领先领域里可能会存在所需的解决方案。

10.3.3 功能导向搜索的步骤

使用功能导向搜索的一般步骤如下：

（1）找到关键问题，将问题定义明确；

（2）建立功能模型，对问题进行功能描述；

（3）去除术语，对功能进行一般化描述；

（4）在执行类似功能的领先领域进行搜索工作；

（5）选择适合的技术；

（6）解决产生的次生问题。

【例】某日用品公司打算开发一种新型的尿布（或者卫生巾），为了提高吸水量，需要在材料上打许多小孔，孔的数量越多，越均匀，吸水量越高。当时的几种现成的解决方案均不能满足要求，采用机械打孔会使针头快速磨损；采用激光打孔，成本又太高。使用功能导向搜索的对应步骤是：

（1）目标问题是在尿布上打孔，孔要求细密。

（2）对于上述问题，功能描述为穿透尿布。

（3）对功能进行一般化描述，尿布可视为薄膜或薄壁，穿透可视为击穿，一般化功能描述为击穿薄壁。

（4）选择领先领域，一般而言，航空、军工、医疗等行业难以承受不良后果，所以对技术要求更高。通过在航空领域搜索发现，美国国家航空航天局（NASA）为了测试航天器在太空中受高能粒子撞击后的稳定性，开发出了粉末枪，可产生高能量的微粒让这些微粒以很高的速度达到航天器表面产生微孔，然后再进一步测试。这个技术刚好可以解决在尿布上打出均匀的微孔的问题。

（5）选择粉末枪方案。

（6）调整粉末枪相关参数，实现在尿布打孔的应用。

第11章 技术系统进化规律

一种产品进入市场后，它的销售量和利润都会随时间发生变化，这种变化往往经历由少至多，再由多慢慢变少的过程，就好像人的生命一样，有着诞生、成长、成熟、衰亡的周期．企业在制订新产品研发战略计划时，要预测产品的技术水平，准确把握市场脉搏，及时研发并生产出领先于竞争对手的产品，在市场中占得先机。

做好产品的规划，首先要分析和把握产品的发展趋势。阿奇舒勒在分析大量专利的过程中发现，发明创造背后隐藏着客观的基本规律：产品及其技术的发展是有规律可循的，而且同一条规律，往往在不同的产品技术领域反复出现。当掌握规律之后，就可以判断出产品技术成熟与否，就可以把握产品的发展趋势与发展方向，从而解决产品发展的战略问题。

11.1 技术系统 S 曲线

11.1.1 技术系统的 S 曲线

伴随着时间的推移，任何技术系统的发展，都不是线性的。产品从诞生到退出市场，呈现出 S 形曲线，如图 11-1 所示。在 S 曲线中，横轴为时间，纵轴为技术系统的主要性能参数。

典型的 S 曲线描述着一个技术系统的完整生命周期。在 TRIZ 中，进化曲线分为四个阶段，婴儿期、成长期、成熟期和衰退期，每个阶段在系统的背后都有驱动力使其处于该阶段，并且具有该阶段相应的特点。

S 曲线描述了技术系统的一般发展规律，通过 S 曲线，能帮助设计者把握系统的发展方向，确定产品或者技术系统的设计、研发方向，指导设计者在系统各阶段的决策选择，找到问题的最佳解决方案，指导人们在各个领域预见并完成新的任务。

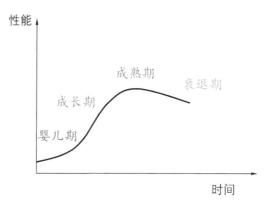

图 11-1　技术系统 S 曲线

同时，当一个技术系统发展到一定阶段后，进一步改善会变得越来越难，势必要出现新的技术系统对其进行替代，新系统同样也有 S 曲线式的进化规律。所以，技术系统的进化过程一般是一个个渐变式创新与一个个突破式创新交替进行的过程，如图 11-2 所示。

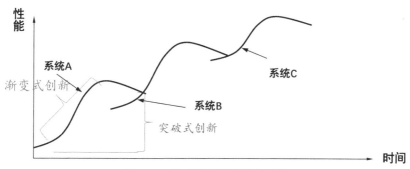

图 11-2　技术系统的发展与替代

11.1.2 S 曲线各阶段的特点

1. 婴儿期

当有一个新需求并且这个需求具有一定意义，一个新的技术系统就会诞生。该阶段，系统能够提供新的功能，但整个系统处于初级，效率低、可靠性差，存在一些尚未解决的问题。此时称为婴儿期。

处于婴儿期的技术系统和产品，尽管能够提供新的功能，但由于人们对其未来发展比较难以把握，难以明确判断价值，投资风险较大，因此只有少数眼光独到者才会选择支持，处于此阶段的系统所能获得的人力、物力是非常有限的，发展也较为缓慢。

婴儿期的技术系统与产品由于是新提出的方案，此时产生的专利级别很高，但专利数量较少；此时由于人力、物力上投入有限，性能完善较为缓慢，加之需要较大的投入，所以技术系统与产品在此阶段的经济收益往往为负值。

对于婴儿期的技术系统与产品，应识别和消除阻碍技术系统市场化的瓶颈，在根原因分析基础上，解决当前系统存在的问题，突出新产品的优势；为更快占领市场，可与现有主流系统集成，适应已存在的基础设施和资源。与竞争系统相比，新系统应在自身优势明显，或竞争系统劣势明显的领域发展，在投放市场时，所有参数都必须是可接受的，其中至少一个是一流的。

2. 成长期

技术系统所采用的原理确定后，存在的各种问题会逐步得到解决，效率和产品可靠性得到较大程度的提升，开始获得社会的广泛认可，发展潜力也开始显现，大量资金的投入推进技术系统高速发展。此时称为成长期。

进入成长期的技术系统和产品，因发展潜力已开始显现，从而吸引了大量的人力、财力，大量资金的投入，会推进技术系统高速发展。

在成长期的技术系统与产品，由于各种资源投入的增多，性能急速提升；伴随着系统不断改进，产生专利的数量也大幅上升，但是专利的级别开始下降；随着产品被市场认可，新改进产品不断产生，系统经济收益快速上升。

对于成长期的技术系统与产品，应尽可能找到技术系统中存在的缺陷，不断改进；同时，应不断使技术系统适应新领域或新应用，占领更大市场。

3. 成熟期

在获得大量资源的情况下，系统快速发展，逐步趋于完善，此时主要的工作只是系统的局部改进和完善，产品利润到达峰值并开始减少。此时称为成熟期。

进入成熟期的技术系统与产品，系统的性能水平达到最佳，处于此阶段的产品已进入大批量生产阶段，并获得了巨额的财务收益。

在这一时期，仍会产生大量的专利，但专利级别会更低，而且会出现很多垃圾专利。随着市场的逐渐饱和，产品渐渐进入价格战阶段，利润到达峰值并开始减少。

对于成熟期的技术系统和产品，企业要开始降低产品冗余程度以控制成本，保持利润；此时，系统将很快进入下一个阶段衰弱期，需要着手布局下一代的产品，制定相应的企业发展战略，以保证本代产品淡出市场时，有新的产品来承担起企业发展的重担，否则，企业将面临较大的风险，业绩也会出现大幅回落。

4. 衰退期

随着技术系统性能的不断提高，不会再有新的突破，加之原市场已过饱和，新技术系统已产生或进入成长期，或者超系统发生变化，该系统因不再有需求的支撑而面临被市场淘汰。此时称为衰退期。

对于此时期的技术系统和产品，因不再有需求的支撑而面临被市场淘汰，投入财力和物力都是浪费。此时，其性能参数、专利等级、专利数量、经济收益四方面均呈现快速的下降趋势。

面对处于衰退期的技术系统和产品，企业必须尽快着手布局下一代的产品；同时，还应围绕现有产品开拓特殊市场，以保持产品的利润。

11.2 技术系统成熟度预测

TRIZ 认为任何领域的产品改进、技术变革、技术创新都跟生物系统一样，存在产生、生长、成熟、衰老、灭亡的过程，是有规律可循的，即 S 曲线。通过判断当前技术系统在 S 曲线的位置，可确定出当前技术系统所处的时期，选取对应的战略，保持企业的良性发展。

11.2.1 产品技术成熟度预测的意义

企业在作出新产品研发决策时，要预测当前产品的技术水平及新一代产品可能的发展方向，这种预测的过程称为技术预测。产品技术成熟度是某一产品在该类产品进化过程中所处的阶段，是当前技术在 S 曲线上的位置。产品技术成熟度预测是把产品作为一个技术系统进行研究，通过对当前产品技术的评价，预测当前产品处于技术生命周期的哪个阶段。

1. 产品技术成熟度是企业制定发展战略的重要参考尺度

针对技术系统发展的 S 曲线，在每一个发展阶段，企业技术战略和创新战略都要做出具有针对性的安排。

针对产品技术成熟度的不同，选取的创新策略也有所不同。当产品处于婴儿期或成长期时，应首选改进当前产品的性能，即采取渐变式创新，不断完善产品。当产品处于成熟期或衰退期时，在控制成本的同时，要将重点放在开发新技术或新市场上，即采用突破式创新，如图 11-3 所示。

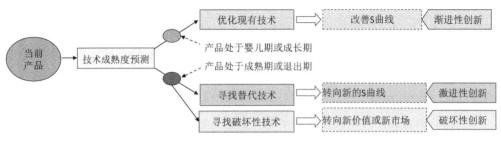

图 11-3　产品技术成熟度预测与决策

2. 产品技术成熟度是进行技术贸易的重要参考尺度

将产品的价格、获利能力和风险在产品生命周期中的变化趋势绘制到一起，如图 11-4 所示。产品技术成熟度处于婴儿期时，引进技术的风险很大，获利能力很小，价格很低；产品技术成熟度处于成长期时，引进技术的风险逐渐降低，引进技术的获利能力有较大增长，引进技术的价格也开始大幅提高；产品技术成熟度处于成熟期时，引进技术的风险最小，引进技术的获利能力最高，引进技术的价格也最高；产品技术成熟度处于衰退期，引进技术的风险又回到最大，引进技术的获利能力很小，引进技术的价格很低。

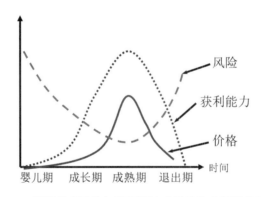

图 11-4　引进技术风险与获利随技术系统生命周期的变化

3. 产品技术成熟度预测可以帮助企业寻找自身差距

对于一项产品技术而言，不同企业的产品技术成熟度因其水平的差异而不同，在该行业中技术领先的企业产品技术成熟度高，代表了该领域中的技术成熟度。如图 11-5 所示，两条 S 曲线分别代表了同一技术系统在两个企业的发展过程，显然，发展超前的企业代表了当前市场中该产品的技术成熟度。企业可根据技术成熟度间的差距，明确产品问题，改进产品或开发差异市场。

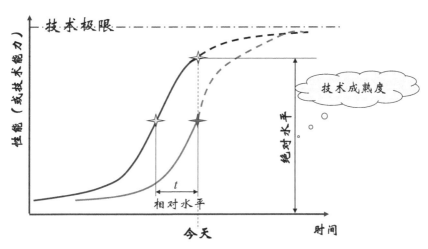

图 11-5　技术水平与技术成熟度间关系

11.2.2 产品技术成熟度预测的方法

产品技术成熟度预测的方法有很多，在经典 TRIZ 中，主要是以性能参数、专利级别、专利数量和经济收益四个方面展示了系统在各个时期的特点，如图 11-6 所示。

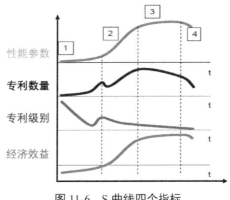

图 11-6　S 曲线四个指标

时间－性能参数曲线表明，随着时间的推移，产品性能不断增加，在成熟期达到最优，但是到了衰退期，性能已经开始下降。

时间－专利数量曲线表明，新技术开始阶段，有一定的风险，研发的人员和企业数量有限，专利的数量较少，随着技术逐渐成熟，参与竞争的企业和技术人员数量增加，专利数量也随之增多，同时出现了垃圾专利。之后到了衰退期，投入产出比开始下滑，专利数量也慢慢下降。

时间－专利级别曲线表明，产品处于婴儿期的专利级别最高，级别较高的发明也预示新技术的萌芽。伴随着产品逐渐增长，限制产品性能的关键问题的解决还会出现一些高级别的专利，但整体专利的级别会下降。

时间－经济效益曲线表明，在产品婴儿期，企业只有投入没有产出；到成长期情况有所改善，成长期开始后开始获益，随着产品不断成熟，产品进入大批量生产阶段，并获得巨额的收益，然后随着技术系统主要性能达到极限，收益开始下降。

在用各种方法对产品进行预测时，需要注意以下几个问题。

（1）性能指标的确定。性能参数是比较容易获得的，但比较困难的是从不同的性能指标中选出相对重要的，而且在产品生命周期的不同阶段，性能的侧重点会不断改变。所以，使用性能指标时，可以选取几个性能参数各自参考，分别得出发展曲线，根据曲线进行综合衡量。

（2）专利数量、级别的确定。在确定专利数量时，首先要定义竞争环境，查找竞争环境下的专利申请，以确定专利的数量与级别。现在的产品往往具有多功能，而不同功能对应的专利数量与级别也不尽相同，根据系统关键功能，可整体或部分进行专利数量与级别的检索，从而确定所处周期。

（3）标志性专利特征。技术系统在婴儿期有个显著特征是新技术适应了需求，也就是新产品进入大众视野中。我们可称之为标志性专利特征。如何判断专利是标志性专利，可以从以下几个方法进行：①当一种物理的、化学的或几何的效应被首次用于该产品；②一种新功能的首次实现；③技术引入使该产品进入新的应用领域或进入新的细分市场；④一种新结构或新工艺被首次应用到该产品。

（4）获利能力指标的确定。技术的获利能力可以用多种指标来大致衡量，如单位时间内产品的销售利润、单位时间内产品的销售数量、单位时间的平均单机（件）利润等。不同类型产品应该通过不同的指标来衡量，但必须符合该产品、企业和行业特点。体现技术获利能力的应该是市场该种产品总销售范围内的平均获利，因此可以利用一些行业的公报来获取数据，但对产品市场占有额有一定比例的企业，可以利用本企业的销售情况来代替。这种预测方法存在如下的局限性：受市场波动等客观因素的影响，企业的销售或者利润都不一定能准确反映获利能力，有时还涉及商业机密，获取数据有一定难度。

11.3 技术系统进化法则

技术系统及其产品在发展中需要不断变化，如性能更好、质量更轻、所需能源更少等，以提高市场竞争力。在技术系统向新的技术系统进化过程中，也是遵循一定的规律的，这些规律就是技术系统进化理论。根据技术系统进化规律，可以明确企业有竞争力的产品技术的开发方向。技术系统进化理论基本涵盖了各类产品核心技术进化规律，每条规律又包含不同数目的具体进化模式和路线。在经典 TRIZ 中，总结了八条技术系统进化法则。

（1）提高理想度法则。

（2）系统完备性法则。

（3）能量传递法则。

（4）增加协调性法则。

（5）子系统不均衡发展法则。

（6）增加动态性和可控性法则。

（7）向微观系统进化法则。

（8）向超系统进化法则

八条技术系统进化法则之间是有一定层次的，如图 11-7 所示。其中，提高系统理想度法则是所有法则的目标，子系统不均衡发展法则、向微观系统进化法则和增加动态性和可控性法则是增加协调性法则的一些方向。部分法则决定了产品能否生存，部分法则指引系统发展的方向。

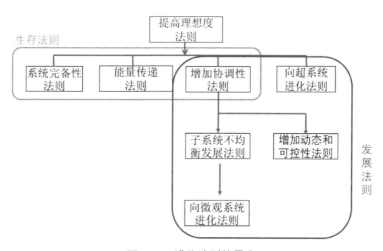

图 11-7　进化法则的层次

当技术系统及产品处于 S 曲线的不同时期时，也有优先考虑使用的进化法则，如图 11-8 所示。

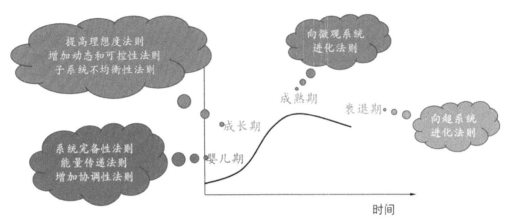

图 11-8　在技术系统发展中的不同阶段的进化法则

11.3.1 提高理想度法则

提高系统的理想度法则是所有进化法则的总方向。系统不断提高其理想度，向最理想的方向进化。在经典 TRIZ 中，一般采用下面的公式作为衡量产品理想度的条件。

$$理想度 = \frac{\sum 有用功能}{\sum 有害功能 + 成本（cost）}$$

最理想的技术系统应该是：物理实体趋于零，功能无穷大。简单地说，就是"功能俱全，结构消失"。任何技术系统，在其生命周期之中，都是向最理想系统的方向进化的，提高理想度法则代表着所有技术系统进化法则的最终方向。理想化是推动系统进化的主要动力。

提高理想度可以从以下几个方向考虑。

（1）增加新功能与组件，以提升系统的有用功能。

例如，将复印机、打印机与扫描仪集成到一体，制作成办公一体机。

（2）对组件进行优化，改善功能、减少缺点、降低成本。

例如，伴随芯片技术的发展，在价格变化不大的情况下，电脑、手机运算速度越来越快。

（3）在不削弱功能的前提下，简化子系统、简化操作和简化组件。

例如，电饭锅设计了自动压力、温度、时间的控制，简化做饭的过程。

11.3.2 系统完备性法则

一个完备的技术系统至少应包含动力、传动、执行和控制四个部分，动力部分从能量源获取能量，转化为系统所需的能源；传动部分将能量传输到执行部分，进而对系统作用对象实施功能；控制部分提供各系统之间的系统操作。这四部相互关系如图 11-9 所示。

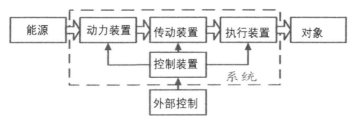

图 11-9　完备的技术系统

基于"系统完备性法则"来分析技术系统，有助于我们在设计系统的时候确定实现所需技术功能的方法，并节约资源。利用该法则可以帮助我们发现并消除系统中效率低下的子系统。

随着科技的不断发展，自动化、智能化越来越多地融入我们的生活。例如，车床的出现大幅降低加工轴类零件的劳动强度；数控车床的出现对车工经验要求降低，可利用编程实现稳定、高效的加工过程；而智能算法的融入，根据模型自动编制加工程序，进一步降低对人的需求，实现机组的自服务。

11.3.3 能量传递法则

能量传递法则是指系统的能量必须能够从能量源流向技术系统的所有元件；技术系统的进化沿着使能量流动路径缩短的方向发展，以减少能量损失。如果技术系统中的某个元件接收不到能量，它就不能发挥作用，就会影响到技术系统的整体功能。

减少能量损失的途径有以下几个。

（1）减少能量形式的转换导致的能量损失。

（2）缩短能量传递路径，减少传递过程中的损失。

（3）提高能量的可控性。常见场控制由难到易为机械场、声场、热场、化学场、电场、磁场。

例如，蒸汽机火车将化学能转化为热能，再转化为机械能，能量在传递过程中要经过两次变化，损失巨大，能量利用率仅为 5% ～ 15%。柴油机火车将化学能转化为机械能，能量利用率为 30% ～ 50%。目前运行的电力机车是将电能转化为机械能，缩短了能量传递路线，减少了能量在流动中的损失，能量利用率提高至 65% ～ 85%。

11.3.4 增加协调性法则

实际运行中，技术系统的主要部件或子系统都要相互配合、协调工作，这是系统产生规定运动或动作的基本保障。技术系统的进化，应沿着使整个系统的各个子系统更协调、技术系统与超系统更协调的方向发展。即系统的各个部件在保持协调的前提下，充分发挥各自的功能。系统的协调性体现在多个方面。

1. 参数协调

参数协调指系统的各部分参数由相同变为不同的一种进化形式，以适应不同的应用场合，提升系统协调性。例如，在设计网球拍时，设计师将球拍整体重量降低，提高了灵活性，同时增加球拍头部的重量，保证了挥拍的力量。

2. 形状协调

（1）几何形状复杂化。几何形状复杂化指系统的外形，由简单形状根据需求进行变化，以提升系统协调性。其进化规律为：相同形状→自兼容形状→兼容形状→特殊形状。例如，早期积木形状单一，只能简单搭放，现在的积木可以自由组合，拼接成任意形状，如图 11-10 所示。

图 11-10　几何形状复杂化

（2）表面形态复杂化。表面形态复杂化指系统的表面，由单一平滑向复杂多功能进化，以提升系统协调性。其进化规律为：平滑表面→带有突起的表面→粗糙表面→带有活性物质的表面。例如，方向盘由早期的光滑圆环改进为当前舒适、高摩擦力及具有附加功能的表面材质，如图 11-11 所示。

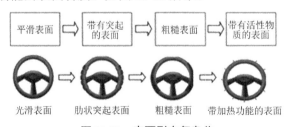

图 11-11　表面形态复杂化

（3）内部结构复杂化。内部结构复杂化指系统的内部，由充实的整体向利用内部空间及结构进化，以提升系统协调性。其进化规律为：实心→中空→多孔→毛细结构→动态内部结构。例如，汽车保险杠由最初的钢结构进化为当前复合材料，在保持相似强度的前提下大幅降低重量，如图 11-12 所示。

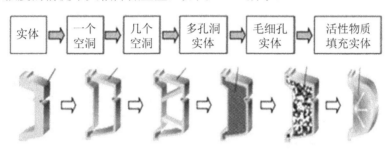

图 11-12　内部结构复杂化

3. 频率协调

频率协调指的是一个组件对另一个组件发生作用，作用的频率以持续作用→循环作用→共振作用→几个联合作用→行进波作用方式变化，以提高作用效果，提高系统频率协调性。例如，吸尘器对灰尘的作用随着频率协调性提高而改善，如图 11-13 所示。

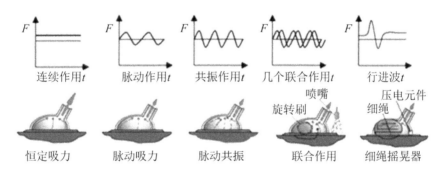

图 11-13　频率协调进化路线

4. 材料协调

材料协调指的是通过对材料按照相同材料→相似材料→惰性材料→可变特性的材料→相反特性的材料的规律进化，增加材料在系统中的适应性，以提高系统材料协调性。例如，心脏移植手术，除了可以使用捐献的心脏外，还可以采用人造心脏。

11.3.5 子系统不均衡发展法则

每个技术系统都是由多个实现不同功能的子系统组成的，系统越复杂，子系统就越多，而每个子系统进化程度各不相同，所以越是复杂的技术系统的子系统非均衡程度就越高。整个系统的进化速度取决于系统中发展最慢的子系统的进化速度。就如同木桶效应，一只木桶盛水的多少，不取决于桶壁上最长的木板，而取决于最短的木板。

利用子系统不均衡发展法则，可以及时发现技术系统中的不理想子系统，及时改进不理想的子系统或用先进的子系统代替它们，使得能以最小成本改进系统的基础参数。例如，曾经火车提速问题一直聚焦在发动机动力上，因该系统已经比较理想，提升难度大；后来人们把研究重点放到载荷上，因每节车厢都受到阻力，当将这些阻力变化成为动力，即每节车厢也可作为动力源时，火车速度显著提升，问题很容易就解决了。

11.3.6 增加动态性和可控性法则

增加动态性和可控性法则是指技术系统会向提高其柔性、可移动性和可控性的方向进化，以适应性能需求、环境条件的变化及功能的多样性需求。

1. 结构柔性进化法则

提升系统结构柔性，指系统按刚性系统→柔性系统→场方向进化。图 11-14 展示了门这一技术系统结构柔性进化的过程。

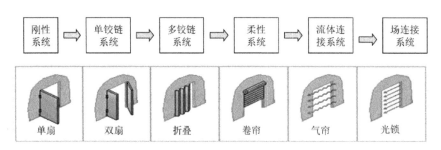

图 11-14　结构柔性进化法则

2. 可移动性进化法则

提升系统可移动性，指系统按不可动→部分可动→整体可动方式进化。图 11-15 展示了电话由有线进化为当前手机的进化过程。

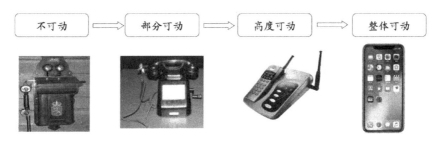

图 11-15　可移动性进化法则

3. 可控性进化法则

提升系统可控性，指系统控制方式按直接控制→间接控制→反馈控制→智能控制方向进化。例如，早期相机不可调焦，需调整人的位置；而后相机具备调焦功能，由人手动操作；"傻瓜相机"的推出，实现了相机自动调焦的功能，降低了摄像难度；当前相机不但能自动调焦，还能按照需求对摄像效果进行处理，更加智能，如图 11-16 所示。

图 11-16　可控性进化法则

11.3.7 向微观系统进化法则

技术系统是由物质组成的，物质具有不同层次及不同的微观物理结构。技术系统的进化是沿着减小其原件尺寸的方向发展的。技术系统向微观化进化，可按照整体→多个部分→粉末→液体→气体→场→真空→理想系统方向进行，如图 11-17 所示。向微观级进化法则，可以使系统的尺寸更小，减少占用空间资源，向微观级跃迁使得系统组件的相互作用更加容易协调，并可能建立动态可操控的系统。

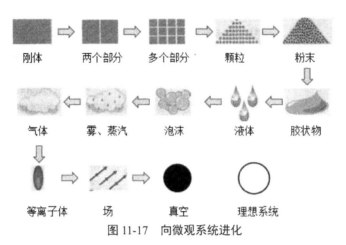

图 11-17　向微观系统进化

图 11-18 为切削工具的进化过程，刀具逐步由刚体向场进化，提升了加工质量与效率。

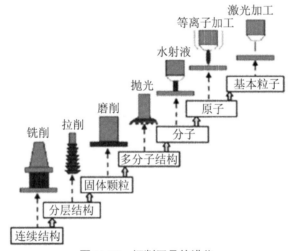

图 11-18　切削工具的进化

11.3.8 向超系统进化法则

系统在进化的过程中，可以和超系统的资源结合在一起，或者将原来系统中的某个子系统剥离到超系统中，这样就可以使子系统摆脱自身进化过程中存在的限制要求，从而使该子系统更好地实现原来的功能。

向超系统进化有两种方式，一种是技术系统的进化沿着从单系统向多系统的方向发展；另一种是技术系统进化到极限，实现某项功能的子系统会从系统中分离出来，转移到超系统，在该子系统的功能得到增强改进的同时，也简化了原有的技术系统。

1. 向多系统进化

当系统由单系统向多系统进化时，就是要合并不同的系统。

（1）增加系统的参数差异性进化路线。在合并系统时，按照合并相同系统→合并参数差异系统→合并同类竞争系统的方向进行合并，如图 11-19 所示。帆船上树立多个相同的帆，即合并了多个相同系统；当各帆尺寸有差异时，合并了参数差异系统；当将船帆与蒸汽机合并时，船帆与蒸汽机都可以移动船，也就是合并了同类的竞争系统。

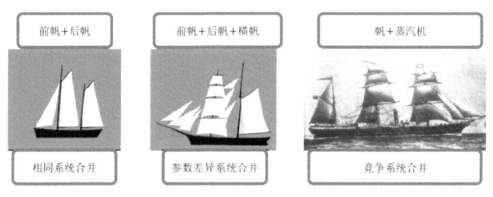

图 11-19 增加系统的参数差异性

2. 分离子系统进化路线

在系统向超系统进化过程中，总体是按照单系统→多系统→扩大系统→去掉系统部分组件→系统部分简化→完全简化系统的方向进化的。技术系统通过与超系统组件合并来获得资源，超系统提供大量可用资源。技术系统进化到极限时，实现某种功能的子系统会从系统中剥离出来转移至超系统，作为超系统的一部分。例如，战斗机受油箱体积限制因而作战半径有限，需悬挂辅助油箱。而通过改变超系统，对战斗机进行空中加油，那么作为子系统的辅助油箱就不再需要，如图 11-20 所示。

图 11-20 空中加油

第12章　创新方法教学技能

21世纪需要具有创新能力的人才，创新能力是民族进步的灵魂、经济竞争的核心，而创新能力的培养是一项长期的系统工程。培养青少年创新能力既是实现中华民族伟大复兴的战略抉择，又是青少年成长的内在需要。让学生乐于提问，敢于质疑，学会在真实情境中发现问题、解决问题，具有探究能力和创新精神。

以TRIZ为代表的创新方法，是人类在长期社会实践中积累起来的对创新规律性认知的理论性与方法性的总结，是人类创新智慧的一种知识成果。对于创新方法，既需要强化理论研究，更要重视实践中的推广应用。创新方法可以帮助我们更好地探究创新客观规律，揭示创新科学原理和创新内在机理，指导组织创新机制建设，为社会创新人才的培养和创新实践活动提供有效的模式、方法、工具。在实践活动中有意识地运用创新方法、有目的地推广应用创新方法，就有可能在人们的创新活动中起到事半功倍的作用。创新方法可以推广到人类社会生产实践的各个领域去发挥其作用，而推广需要教学才能实现。

教学既是一门科学，也是一门艺术。需要教师以育人为目的，遵循一定的教育教学规律和学习者身心发展的规律，借助教与学的理论去武装头脑，运用科学方法才能完成；同时，教学也是一种艺术再现的过程，需要具备相应的教育教学传播技能和再现技巧，才能使教学达到预期的效果。

本章将介绍创新方法的教学技能，具有普适性，在创新方法教学中可以借鉴使用。还需要和具体的教学内容相结合，灵活使用。但是教无定法，没有固定的模式可走，关键靠教师在具体的教学实践中去思考、探索、研究和总结，要运用创新方法思考教学，来实现创新方法教学的创新。

12.1 创新方法教学技能概述

12.1.1 创新方法教学技能内涵

1. 教学技能

个体运用已有的知识经验，通过练习而形成的一定的动作方式或智力活动方式称为技能。技能是通过学习而获得的一种动作经验。

教学技能，目前尚未形成公认的科学概念。实践中人们可从不同的视角、不同的范畴、不同的层次去审视、表征、运用它。不管是活动方式说、行为说，还是结构说等，都认同教学技能应该至少涵盖两个方面：一方面，教师的教学技能是由可观察的、可操作的、可测量的各种外显性的行为表现构成；另一方面，教学技能是由教师既有的认知结构对知识的理解、对教学情景的把握、对教学行为的选择等认知活动构成，也就是指通过练习运作某种知识和规则顺利完成某种教学任务的能力。

2. 创新方法教学技能

创新方法教学技能，是指创新方法授课教师运用已有的教学理论知识，通过练习而形成的稳固的、复杂的教学行为系统。它是创新方法课程教师必备的一种职业技能。教学技能的高低反映了创新方法课程教师驾驭教育系统中各个要素的水平，因而在很大程度上影响着创新方法"教"与"学"活动的效果和效率。

教学技能与教学理论知识、教学能力是相互联系的。教学理论知识是教师头脑中形成的教学经验系统，教学能力则是教师顺利完成教学活动任务的主观条件，这二者是掌握教学技能的前提，并制约着掌握教学技能的速度和深度。掌握教学方法是形成教学技能的前提，教学技能首先表现为教师在掌握大量的教学方法的前提下，在具体的教学实践中对这些教学方法的灵活运用。熟练掌握教学技能又为教学方法的灵活运用提供了支持。二者相互促进，相得益彰。学习教学方法的最好方式是在学习教学法理论、原则的同时，加强教学技能的训练，将教学技能训练贯穿到整个教学法课程中。

12.1.2 创新方法教学技能的专业特征

1. 综合性

在创新方法的教学实践中，教学技能的形成依赖于两个方面，即教师的教与学习者的学。从结构上看，教的技能是教师的教与学的设计、教学导入、教学语言表达、教学组织与管理等方面能力的综合；学的技能则是融合阅读、分析、理解与运用等多方面能力的综合。以上述教与学的能力为基准，会形成围绕不同目标与目的、交织融合的教学技能体系。

2. 内隐性与观念性

在教学活动实践中，很多教学技能的运用是通过心理活动的智慧技能和自我调控技能来实现的，如教学分析与设计技能、教学提问技能、教学组织管理技能、教学反思技能等，往往表现在对创新方法教与学的知识、信息等的加工和改造上。

3. 能动性与情感性

创新方法教学技能的习得通过学习者对教学信息的吸收、消化、整理输出和不断练习的一个复杂过程，需要充分发挥主观能动性。个体要积极主动地对自己所掌握的教学理论和通过练习积累的教学经验进行不断反思，要细加揣摩，并依据教学实践优化改进。同时，教学过程是师生双方情感交流的过程。在教学中，教师的言行举止、教师的喜好、教师的理念等都会感染、影响学习者。同样，课堂上学习者的参与状态、情绪状态等也会对教师的教学产生影响。

4. 多样性与简约性

教学有法，教无定法。教学技能既表现为个体的经验，又是群体经验的结晶，是在实践中，经过反复筛选和实践检验形成的高度概括化、系统化的理论系统；是基于多样化实践经验的基础进行提炼，以简约化的形态呈现的教学技能体系，是理论与实践相结合的产物，反映了多样性与简约性的统一。

5. 练习的不可替代性

练习在教学技能的形成过程中具有不可替代性。教学技能的形成是通过多种条件、不同方式的练习逐步形成和熟练掌握的。因此，练习是技能训练中不可缺少的环节。

6. 专业性

教学技能具有很强的专业指向性。不学生科教学技能的侧重不同，具有一些难以互换或替代的技能，创新方法教学技能也是如此。教师的教要建立学科知识与学习者的联系，因而，创新方法教师需要精通所教课程的教学技能。

12.1.3 创新方法教学技能的发展规律

从教学技能发展过程的本质特征和发展方向来看，教学技能的发展规律表现在：个体教师在已掌握教学技能的基础上，不断地进行教学实践，使已掌握的教学技能发展成教学技巧，再经过创新发展到教学技艺的水平，最终达到教学的最高追求——教学艺术。教学技巧、教学技艺、教学艺术是教学技能不同发展阶段表现出的三种不同形态，如图 12-1 所示。

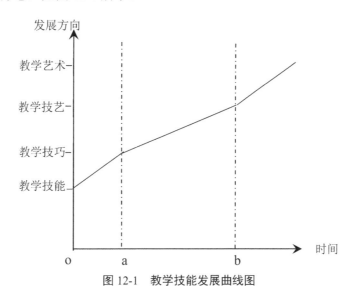

图 12-1　教学技能发展曲线图

12.1.4 创新方法教学技能的分类

教学技能种类繁多，为了便于我们认识、学习和自我训练，必须依据一定的标准对其进行综合和分解，科学地构建教学技能的结构体系。确定教学技能分类的标准有很多，依据不同的标准可得出不同的教学技能分类体系。如以教学过程为线索，教师的教学技能大致可以划分为：（1）课前的教学设计技能；（2）课堂教学技能；（3）课后指导技能；（4）教与学的评价技能。

本书根据现代教育教学理念，结合当前教育教学新课程改革的实际情况，以教学过程为线索，从三个层面来对教学技能进行梳理划分：

首先是教学准备技能，也称教学设计。教学准备技能包括：教学内容分析技能、学习者分析技能、教学目标设计技能、教与学方法分析技能、教与学过程设计技能、教案编制技能等。

其次是课堂教学基本技能。可将课堂教学技能分为：导入技能、讲解技能、提问技能、演示技能、组织管理技能、板书设计技能、结束技能等。

最后是教学综合技能。教师教学综合技能包括：说课教学技能、片段教学技能、教学评价技能。

为了准确地反映教师所应具备的基本技能体系，参照国内外相关研究成果，本书确定上述技能为教师在教学准备与实施的各个阶段中必备的教学技能。一名教师在具备相应学科知识和能力的基础上，掌握了以上几类教学技能，也就练就了教学的基本功。

12.2 创新方法教学设计内容与要求

教学，是由教师的教和学习者的学组成的一种人类特有的人才培养活动。教学过程中，教师有目的、有计划、有组织地引导学习者，使学习者掌握知识、有效学习，促进学习者能力和素质提高，使其成为社会所需要的人。所谓的教学设计，是教师在教与学理论的指导下，运用系统方法分析教学内容、教学对象、教学目标等，确立教学的起点和终点，将教学的诸要素有序、优化地安排，形成教学方案的过程。

创新方法教学设计，是教师以教与学的理论为指导，运用系统方法分析创新方法的教学内容和学习者的学习特征等，进而确定教学目标，设计教学方案，并对方案进行优化、修改的系统化过程。创新方法教学设计的基本要素包括：内容分析、学习者分析，即创新方法教学设计的前期分析；创新方法教学目标确立，教与学活动的过程设计；创新方法教学方案，即教案的编制等系列活动。

12.2.1 教学设计的基本流程

教学设计的流程，如同生活中我们要去一个地方，首先是确定"要去哪里"，即教学目标的制订；其次是确定"如何去那里"，即对学习者起始状态的分析、教学内容的分析、教学方法与媒介的选择；最后是"到没到那里"，即教学评价。

1. 要去哪里——教学目标的制订

教学目标的制订，即预期教学完成之后学习者将从教学活动中学到什么。制订教学目标时，我们需要了解学习者应该学习什么知识、获得哪些能力，同时对这些内容有清楚的表述。这涉及两个内容：教学目标的类型和教学目标的表述。

2. 如何去那里——达成目标诸要素的分析与设计

如何达到目标，需要根据整个过程设计不同的方法。所谓的方法，即达到教学目标的最佳状态是如何完成的。就如同我们"到达终点去"这个目标有多种途径，在设计过程中，找到一条最适合的途径。

对学习者的分析，包括对学习者已有知识水平的分析、学习者需要形成的知识水平的构成分析，以及对学习者在生理、个性心理、智力、能力发展等方面特点的分析。这些相关内容的分析，对以后各环节的内容有重要影响。

组织教学内容时应注意，教学内容的深度、广度恰当，教学容量合适，教学内容重点突出、难点有突破措施，教学内容的组织、排列、呈现方式要恰当，练习的配置、方式方法要精心设计，在注意知识传授的同时，充分挖掘教材中蕴涵的智力因素和情意因素，培养学习者的能力和非智力品质。

教学方法的选择与运用。教师应根据教学目标、教学内容、教师素质与个性特点、学习者年龄特征与学习特点上的差异等，选择与运用不同的教学方法。

教学媒体的选择与运用。不同的教学媒体有不同的特点：图像，以静止的方式表现事物，可详细地观察细节；视频、动画则以活动的画面、动态的变化呈现出事物变化的过程；虚拟现实则能用软件模拟逼真的现场、事物发生的进程，且动静结合，表现力强。

3. 到没到那里——教学评价

在这个过程中达到目标与否，要通过课堂的教学评价来判断。对照三维目标进行分类评价，可采用观察、综合性设计与分析、试卷分析、测验、问卷调查等多种形式开展。通过教学评价，来反馈整个教学目标完成情况及过程中所采用的各种方法是否合理。

12.2.2 教学设计要素分析技能

12.2.2.1 教学内容分析技能

教学设计的第一步通常是从内容分析出发，分析教学内容包含的要点、前后联系、地位作用等。教学内容分析包括内容的范围和深度，以及学习内容的结构和内在联系。前者是为了确定学习者应当认识或掌握的知识、技能的广度，应当达到一定的理论程度和技能能力水平。后者是为了明确学习内容中各项知识、技能的相互关系，为教学的有序展开打下基础。

作为一名合格的创新方法授课教师，应该具备教学内容分析技能，能够对教学内容的整体、要点、层次结构进行分析，并对教材内容进行针对性处理，以更好地服务于课堂教学，实现教学目标。

1. 教学内容分析的目的

教学内容分析的最终目的是帮助教师选择或设计一种有效的方式将教学内容传递给学习者。因此，需要对教学内容的内在关系进行透彻地分析，包括：教学内容包含哪些知识点，这些知识点之间的关系是怎样的，等等。其中，明确教学内容具体包括哪些知识点是最基本的工作。

2. 如何进行教学内容分析

实践中，对教学内容的分析可以从三个方面进行：

（1）建构教材内容的知识体系，即分析教学内容的整体结构，把握相关知识的内在联系。一般来说，应当从整体到局部。先通览教材，了解教材整体结构，特别是把握相关部分的内在联系；再着眼章节，看看每章有哪些主题节内容；然后深入分析其中的一个教学主题内容，厘清对这部分内容的学习是在什么基础上进行的，又怎样为后续学习做准备。

以《技术创新方法基础》一书为例，最前面 3 章的创新、创新理论与创新方法，创新思维的方法，构建了基本认知与基础，是教材的基本层级。第 4、5 章分别为系统功能与因果链分析、资源分析，属于分析问题工具，将遇到的问题变为创新问题；第 6、8、9、10 章系统裁剪、技术冲突及消除方法、物理冲突及消除方法、物质场分析及 76 个标准解等内容是面向问题解决的工具，针对分析出的问题结构，借助创新方法理论找到对应的解决方式；其中第 6、10 章主要是针对功能分析得到的功能模型，而第 8、9 章则主要解决围绕因果分析转化得到的冲突问题；第 7 章的 40 条发明原理是第 8 章技术冲突及消除方法的具体指南。

（2）确定知识点。确定当下授课内容所涉及的相关知识点，及其逻辑关系。以《技术创新方法基础》一书的"打破你的思维定势"内容为例，其涵盖了思维惯性与思维定式概述、打破思维定式的方法等；在具体的积极思维方法中介绍了九屏幕法、STC 算子、聪明小人法、金鱼法、IFR 五种方法。在产品设计的具体应用中，多种创新思维方法可融合应用，如图 12-2 所示。

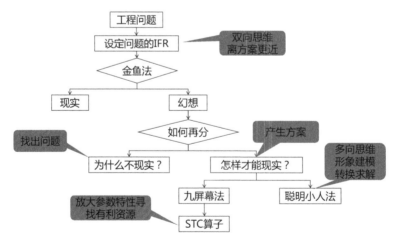

图 12-2　创新思维方法在产品设计中的应用

（3）确定教学内容的重点和难点。分析教学内容是为了规定教学内容的范围、深度及教学内容各部分的联系，回答"学什么"的问题。分析和组织教学内容是教学设计的一项重要工作。分析教学内容就是鉴别教学内容的性质及其组成部分，并在此基础上，把综合的、复杂的整体内容分解为各个相对独立、简单的组成部分，确定各个部分之间的联系。组织教学内容就是把经过分析而划定的各个部分，按照一定的方式、方法进行安排，或把分散的、零散的内容组成具有一定结构的整体。

以《技术创新方法基础》教材第 3 章"打破你的思维定势"中的"九屏幕法"为例，这部分的教学重点是利用九屏幕法打破物质不可变思维惯性，难点则是实现打破思维惯性过程中对于当前系统、子系统、超系统的识别与理解。

3. 教学内容分析的常用方法

分析教学内容的基本方法有归类分析法、图解分析法、层级分析法和信息加工分析法等。

（1）归类分析法。归类分析法主要是研究对有关信息进行分类的方法，旨在鉴别为实现教学目标所需学习的知识点。例如创新的 40 条发明原理。将创新性解决问题的一些规律、方法和解决问题的技巧进行归类分析，梳理出分割原理、抽取 / 分离原理、局部特性原理等 40 条原理。确定分类方法后，或用图示、或列提纲，把实现教学目标所需学习的知识归纳成若干方面，从而确定教学内容的范围。

（2）图解分析法。图解分析法是一种用直观形式揭示教学内容要素及其相互联系的分析方法，用于对认知教学内容的分析。图解分析的结果是简明扼要、提纲挈领地从内容和逻辑上高度概括教学内容的一套图表或符号。如工程问题分析中，可以用几条带箭头的线段及简洁的数字、符号来剖析一次工程问题解决的全过程，将一系列的因素反映在图表之中。这种方法的优点是，使分析者容易明确解题流程，并觉察内容的残缺或多余部分，分析相互联系中的割裂现象，如图 12-3 所示。

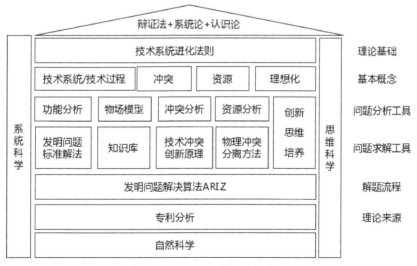

图 12-3　TRIZ 主要内容体系图

（3）层级分析法。层级分析法是用来揭示教学目标所要求掌握的从属技能的一种分析方法。这是一个逆向分析的过程，即从已确定的教学目标开始考虑：要求学习者获得教学目标规定的能力，他们必须具有哪些次一级的从属能力？而要培养这些次一级的从属能力，又需具备哪些再次一级的从属能力？以此类推。

在层级分析中，各层次的知识点具有不同的难度等级，愈是在下层的知识点，难度等级愈低（愈容易），愈是在上层的难度愈大；而在归类分析中则无此差别。

层级分析的原则虽较简单，但具体做起来却不容易。它对于教学设计者要求较高，需要洞悉整体结构和逻辑，熟悉学科内容，了解教学对象的原有能力基础，并具备较丰富的教育心理学知识。

（4）信息加工分析法。信息加工分析法是将教学目标要求的心理操作过程揭示出来的一种分析方法。这种心理操作过程及其所涉及的能力构成教学内容。例如，利用创新思维方法解决实际工程中问题的解决过程。

信息加工分析不仅能将内隐的心理操作过程显示出来，也适用于描述或记录外显的动作技能的操作过程。

12.2.2.2 学习者分析技能

教学的对象是学习者，他们既是教学的受益者，也是教学的出发点。教学的任务就是利用有效的教学手段使学习者的心理和行为等方面发生变化，达到预期的教学标准。然而，没有两个完全相同的学习者，学习者之间是存在差异的。因此，教学前，必须对学习者有充分的认识，了解学习者的差异是教学的基础。

教学设计的一切活动都是为了学习者的学，教学目标能否实现，体现在学习者的学习活动中，而作为学习活动主体的学习者在学习过程中又都是以自己的特点来进行学习的。因此，要取得好的教学效果，在教学设计中，必须注重对教学对象——学习者的分析。

1. 学习者分析的内容

（1）学习者的已有认知。学习不是简单的记忆堆积，而是根据学习者的经验不断建构起来，是不断扩展原有认识形成新的认知的过程。原有的经验和概念会影响学习者对新内容的学习——有些会有助于新内容的学习，有些会阻碍新内容的学习。因此，除对学习者已有认知的分析，还要关注学习者的认知习惯，了解学习者的思维发展。

对学习者已有认知的分析，就是分析学习者学习该内容时所具备的与该内容相联系的知识、技能、方法、能力等，以确定新课的起点，做好承上启下、新旧知识衔接的工作。

（2）学习者的学习风格。学习风格是学习者持续一贯的、带有个性特征的学习方式，是学习策略和学习倾向的总和，包括学习者在信息接收、加工方面的不同方式，对学习环境和学习条件的不同需求，在认知方式上的差异等因素。分析学习者学习风格的目的在于改善教学设计，使其更加具有针对性和科学性。应当注意，任何一种学习风格，既有其长处，也有其不足。教育的最终目的是要扬长避短。

因此，适应学习风格差异的教学设计应包含两个方面的内容：一是采用与学习者学习风格相一致的"匹配策略"；二是针对学习者学习风格中的短处实施弥补性的"故意失配策略"。因此，在当前以班级授课制为主要形式的创新方法教学中，分析学习者的学习风格的目的并不仅仅是为了顺应每个学习者的不同风格，更重要的是培养合理有效的学习风格。

（3）学习者学习需要分析。对学习需要的分析是一个系统的调查过程，内容包括学习的社会需要分析、学科需要分析、学习者需要分析，以及资源条件分析等。目前最容易被忽略，而且难度最大的是学习者需要分析。学习的内部需要分析即学习者需要分析，从专业技术的角度上说是将学习者的现状与学习目标相比较，找出两者之间存在的差距，从而揭示出学习需要的分析方法。

这是任何学科的教师都最有必要完成的学习分析任务。因为学习的外部需要分析，大都可以通过搜集资料获取相关信息，而学习者学习的内部需要尽管也有共性，但更多的是个性，常常因班、因人而异，有待教师作出系统分析，加以把握。

（4）学习者学习新内容所需的知识、技能准备，以及可能出现的困难。在了解学习者上述情况后，还应该针对具体内容分析学习者是否具有学习新内容所需要的知识技能准备以及可能出现的困难。学习者在学习中可能遇到的问题和阻力，往往会成为他们进一步学习的困难和持续发展的障碍，教师如果能及时发现这些困难与障碍，并且能够及时地帮助学习者克服这些困难和障碍，学习者就能获得真实的发展。因此，在学习者分析中，教师要努力去关注和发现学习者在学习中可能存在的困难和障碍，具体分析这些困难和障碍产生的原因，思考相应的、具有针对性的教学策略。只有这样才能更有针对性地做好教学的充分准备，设计出符合学习者实际的学习活动过程。

（5）学习者学习新内容的难点和突破点。在明确了学习者的认知基础、认知能力水平，学习某一新内容的所需的知识、技能情况，以及在学习中可能存在的困难之后，教师接下来要分析和确定的就是学习此内容的重点、突破点或者关键点。

在了解不同层次学习者的不同认知能力、已有知识技能准备、存在的困难，以及不同的教学期望、训练过程、培养目标的基础上，教师可以确定不同的教学重难点，进而寻找不同的突破点来组织实施教学。

2. 学习者分析的一般形式

（1）学期初学习者分析。教师要在学期初有意无意地对学习者进行分析，具体包括：根据学习者的年龄，对学习者的非智力发展水平有一个整体的把握和分析；根据上学期的试卷分析等了解学习者现有的知识技能水平；通过谈话、问卷等形式分析学习者的集体特点和个人学习特点等；通过分析课标和教材确定学习者应有的知识与方法、理论与技能、情感、态度与价值观水平。

（2）课前学习者分析。实践中的学习者分析，大多是课前学习者分析。教师为了成功地实现内容的教学，大多借助课前学习者分析，了解目前学习者已有的知识水平、学习者学习的过程和方法、学习者的情感、态度、价值观的水平，以及学习者的学习需求和其学习过程中可能遇到的问题或者困难，等等。

（3）课中学习者分析。教学实践中，教师也常常需要在教学中随时进行学习者分析，以便及时调整教学内容和方法。在课堂教学中可以采用一些方法进行实时的学习者分析，如通过提问分析学情，在合作学习交流中分析学情，以表格记录分析学情，等等。

（4）课后学习者分析。对学习者分析也可以在课后，借助于作业分析、小测验分析、动手操作或作品评价分析等方法进行；此外，基于师生交谈、访谈的分析，基于学习者档案袋、评定量表的分析等方式在教学实践中也常常涉及。

（5）期末学习者分析。在一门课程结课后，为了解当前课程的教学效果或学习者学习效果，多需要进行期末学习者分析。期末学习者分析的结果又可作为了解学习者下一学习阶段的已有认知基础。实践中，教师多通过综合性设计分析、教学试卷分析等手段来进行分析，为获得科学的分析结果，教师在分析过程中需要注重质性和量性结合、整体和个体结合等原则。

12.2.2.3 教学目标设计技能

在充分研究教学内容和学习者实际情况之后，就可以着手制定教学目标，具体包括确定各个维度的目标、明确目标的层次等内容。

1. 教学目标的意义

教学目标，即教学中学习者通过教学活动要达到的预期的学习结果与标准，即教师在实施教学之前制定的，通过教学后学习者可以达到并且能够用现有条件或手段测评的教学效果。学习者的学习结果可以是某种知识、某种技能，也可以是某种观念、态度的形成或获得。

教学目标是教师对学习者学习结果的预设要求，它既让教师明确了"为什么教"，又让学习者明白了"应学到什么"。教学目标是指教学活动实施的方向和预期达成的结果，是一切教学活动的出发点和最终归宿。它是教师进行教学设计的首要环节，具有指引教学方向、指导教学策略的选择和激励学习者的学习等功能。

2. 教学目标的确定

（1）参照教学大纲、围绕核心内容确定目标内容。

（2）结合内容要求和活动特点确定各个维度的目标。高校教学中教学目标一般采用三维目标，包括知识与技能、过程与方法、情感态度与价值观。

（3）根据课程大纲要求和学生的认知水平确定目标的层次。在确定教学目标时要处理好几种关系：教学目标与教学内容的关系，教学目标与学习者的关系，教学目标与教学方法的关系，教学目标与课程大纲要求、单元主题与整体要求的关系，等等。

简单来说，教学目标整体应针对具体教学内容，依据课程大纲的要求来确定，同时要结合学习者的实际情况、教学方法、章节单元不同的侧重等适当灵活调整。此外，在确定教学目标时，要关注过程与方法育人、学科教育与思政育人融合等目标内容。教学目标与教学重点应该相互联系，具有一定呼应。

3. 教学目标的表述

合理制定教学目标后，还需要将其科学规范地表述出来。在进行教学目标表述时，应该注意以下几点：

（1）教学目标的行为主体是学习者。教学目标陈述的是学习者的学习结果，而不是教师应做什么（如教会学生、培养学生……）。如应为（学习者）"通过案例分析、探究研讨式的学习，学会基于九屏幕法进行问题分析，提升思辨能力"，而不是"通过（教师）讲授、课堂提问进行探究式的学习；通过（教师）方法的讲授和举例，提升学生的思辨能力"。撰写教学目标时，行为主体是学习者，通常可省略。

（2）教学目标应涉及各个目标维度。教学目标涉及知识与技能、过程与方法、情感态度与价值观等方面，不能只关注知识技能。实践中，大多依照不同维度来分条表述。

以"创新思维工具——九屏幕法"教学目标的表述为例：

知识与技能目标：知道九屏幕法、当前系统、子系统、超系统的概念，能够在不同问题情景中进行准确识别与判断；

过程与方法目标：通过案例分析、探究研讨式的学习，学会基于九屏幕法进行问题分析，提升思辨能力；

情感、态度和价值观目标：体会创新思维方法可以更好地解决生活中的问题，关注身边案例，感受创新思维方法与日常生活的密切联系。

（3）教学目标的表述应力求明确、具体。教学目标的表述应该可观察、可测量，避免使用含糊和不切实际的语言陈述目标。

如"初步掌握一些常用的创新思维方法"这样的表述不够明确具体，在这一表述中很难确定怎样才算达到了标准，可改为"能熟练运用 2～3 种创新思维方法"，这样的表述便于操作和检测。必要时，可以描述完成目标的途径，如"通过案例分析和研讨交流，学会运用创新思维方法进行问题分析，能熟练运用 2～3 种创新思维方法"。保证教学目标在教学中得到落实。

从行为动词上，针对不同目标领城，可使用一些不同的外显化行为动词。如表 12-1 所示。

表 12-1　教学目标描述的行为动词

目标领域	层次	外显性行为动词
知识目标	了解	说出、辨认、列举、描述、列出、举例、选择、识别、指认等
	理解	解释、说明、比较、概述、认识、区别、推断、对比、归纳等
	应用	设计、得出、撰写、分析、解决、检验、拟定、评价、综合等
技能目标	模仿	模仿、尝试等
	独立操作	运用、使用、示范、测量、查阅等
体验性目标	经历（感受）	参与、体验、交流、分享等
	反映（认同）	关注、认同等
	领悟（内化）	形成、具有、确立、树立、热爱、养成等

（4）目标的表述应反映学习结果的层次性。除了解、领会、理解、运用等层次，还可限定行为条件，说明学习者在何种情境下表现行为。如：在老师引导下完成还是独立完成。实质上指明了何种情况下对教学活动进行评定。

行为标准，即合格标准。指学习者对目标所达到的最低表现水平，用以衡量学习表现或学习结果所达到的程度。行为标准通常是规定行为在熟练性、精确性、准确性、完整性、时间限制等方面的标准。如："能熟练运用 2～3 种创新思维方法"等。

12.2.2.4 教学方法与手段分析技能

方法是任何一个领域中的行为方式，是用来达到基种目的手段的总和。教学方法是"为达到教学目的，呈现教学内容，在一定教学原则指导下，运用教与学手段而进行的师生相互作用的活动"。教学手段则是师生教学互相传递信息的工具、媒体或设备。

创新方法的教学方法是指在教学活动中，教师和学习者为了完成学习目标，根据教材的特点和学习者的认知规律，结合学校的教学实际情况所采用的教与学的手段和教与学的方式。

教师要在分析教材和学习者情况的基础上，精心设计教与学的方法。

设计教学方法时，既要考虑全课以哪种教学方法为主，又要考虑各部分教学内容适宜采用的方法。针对一段教学内容，既要考虑师生活动的方式（谈话法、讲授法、讨论法、自学法、练习法等），又要考虑学习者的学习方法（观察、综合、分析、归纳、演绎、比较等），同时还要考虑选择什么教学手段和教具，以便协调各教学要素之间的关系，顺利而高效地进行课堂教学活动。

12.2.2.5 教案编写技能

教案可以使教师明确课堂教学的目的与任务，明确教学内容、方法与步骤，是教师经验的总结，多年积累的教案，就是教师长期教学实践的记录，成为教学研究的重要资料。编写教案是教师最经常的劳动，也是一项重要的教学技能和基本功。

编写教案是一个复杂的过程，建立在教师一系列的教学设计工作基础之上。因此，教案编写一般遵循以下流程：首先分析教学内容，分析学情，并确定教学目标；其次选择教法、学法，选择教学材料；然后设计教学过程；最后梳理编写形成教案。

1. 教案的内容

教案是具体的讲课方案，是实施教学的主要依据，是授课教师教学思想、教学组织能力、教学方法的重要体现，是教师教学经验的结晶。它反映了教师的自身素质、教学水平、教学思路和教学经验，反映了教师掌握教学大纲、熟悉教材、充实知识的程度，反映了教师了解学习者、准确把握教学方式方法的程度。

根据教学设计的过程，创新方法教学设计方案应该包括以下内容：

（1）课题、学时；

（2）教学目标；

（3）教学重点、难点；

（4）教与学的方法与准备；

（5）教学过程；

（6）作业设计；

（7）课后反思。

其中最核心的内容是教学过程设计部分，即具体地体现出教学过程。包括以下几方面：

一是教学步骤。按照教学过程，结合教学内容呈现的先后次序，写出教学的步骤，即"先做什么，后做什么"。

二是教师活动。对每一个教学步骤写出教师活动的内容和方式，即"教师做什么，怎样做"。

三是学习者活动。对每一个教学步骤写出学习者活动的内容和方式，即"学习者做什么，怎样做"。

四是教学媒体。说明在哪些教学步骤需要使用教学媒体（如视频、动画），即"使用什么教学媒体，怎样使用"。

2. 教案的格式

教案的格式大多体现为表格式，不同的教学单位、不同的使用场合，教案的格式可能略有差异。但大体上的要素是相似的。表 12-2 为河北科技师范学院教案格式。

表 12-2　教案格式

授课班级			授课日期	
课题			时数	
教学目的及要求				
教学重点				
难点				
教学方法及教具				
课堂设计（教学内容 过程 方法 图表等）				时间分配
作业及参考文献				
课后小结				

12.3 创新方法教学实施技能

创新方法类课程的教学实施，是指将教学设计方案付诸教学实践的过程，即教学活动的具体运作过程。现代课程论研究表明，课程专家和教师设计的"理想课程"与"实际课程"之间可能出现一个"落差"，即使十分精巧的设计，在实施时也不可能完全符合设计者的预期，特别是课堂上随时都可能发生难以事先预料的情况。没有良好的课程实施，就难以达到理想的教育教学效果，教学实施是关系到创新方法教学成败的一个非常关键的环节。

教学设计是一种创造性劳动，教学实施也是一种创造性劳动。教学实施技能，也称课堂教学技能，是教师在具体的教学活动中运用专业知识、教学理论，依据教与学的理论，组织课内外教学活动、有效地促进学习者完成学习任务的技能方式，是教学技能的核心。

教师教学实施技能的高低直接影响着课堂教学的效果。教学实施技能包括：导入技能、讲解技能、提问技能、板书技能、演示技能、组织与管理技能、总结技能等。

12.3.1 创新方法教学导入技能

教学导入是一节课的开始，是教师运用一定的方法和手段，将学习者的学习基础、学习兴趣与即将学习的内容进行有意义的联结。导入虽在一节课中只占短短的几分钟，但对学习者能够主动地投入新的学习活动，起着至关重要的作用。

12.3.1.1 课堂导入目的

教学导入环节的主要目的是明确学习主题、激发学习动机、激活已有经验。

1. 明确学习主题

学习主题与教学目标直接相关，它既是一节课的主要知识内容，也是达成知识与技能、过程与方法、情感态度与价值观目标的基本载体。在导入部分明确学习的主题，不仅能让学习者从下课时的各自活动状态进入相对集中的课堂学习准备状态，而且能使学习者明确学习方向，调动相关的经验和知识，形成对该主题的学习兴趣。

让学习者明确与其个人需求相一致的学习主题是教学导入环节设计的目的之一，学习者的个体特征、生活经历、学习背景等存在差异，对于相同的主题，他们有不同的经验、想法、问题和关注点。因此，在学习者围绕主题产生各种问题的基础之上，教师要引导学习者聚焦他们有能力学习或探究的核心问题，让学习者明确学习的方向，以便有针对性地开展学习，有效地达成教学目标。

2. 激发学习动机

动机分为外部动机和内部动机。外部动机与外在的因素有关，从外部影响行为，如奖励或者是惩罚。内部动机与内在因素有关，反映的是个体实现内部需求和心愿的倾向，许多学习过程依靠的是内部动机，而非外部动机。

激发学习动机，促使学习者积极主动地学习，是教学导入环节设计的目的所在。好奇心、疑惑、兴趣、理解现象或解决问题的需求等都是学习者不断探究、学习新内容的内在基本动力。因此，在课程开始之前，教师可以设计激发学习者学习内驱力的教学导入环节，以引起学习者的学习兴趣，为他们积极主动地投入学习活动做好心理上的准备。

3. 激活已有经验

建构主义认为，人是通过建构自我知识来进行学习的。皮亚杰将新信息纳入已有图式称作"同化"，把建立新图式称作"顺应"。学习者在认知发展中，为了使新信息有意义，必须以有意义的方式把它同化到已有的图式中，或者把它顺应到与已有图式紧密联系的新图式中。这样，新旧的信息之间便建立了联系。奥苏贝尔认为，影响学习的最重要的一个因素是学生已经知道了什么，只有当已有的知识与新知识产生了本质性的联系时，有意义的学习才会发生。

激活已有经验，为学习者自主学习做好准备，是教学导入环节设计的又一目的所在。如果在新的内容学习之前，教师能激活学生的相关经验或知识，使之与新的学习内容建立起来联系，那么将有利于学习者在原有经验或基础之上建构新的认知。

【案例】"突破惯性思维"教学导入

教师屏幕上展示一幅栓着缰绳的水牛的图片。

教师：一位青年看到农民老伯把一头健壮的水牛用缰绳固定在一个小小的木头桩上。青年说："老伯，水牛力气很大，很容易拔掉木桩跑掉的。"老伯回答："放心吧，不会的。"

老师：学生们，思考一下，为什么这么健壮的水牛拴在小小的木桩上，不跑呢？

学生：惯性思维。

老师：没错，从小被栓惯了的水牛，思维里面已经形成了惯性……

【评析】教师呈现一幅栓着缰绳的水牛的图片，描述了一个生活中的情景，引导学生尝试解释健壮的水牛不挣脱小小的木桩跑掉的原因，激活学生思维。然后，教师基于学生的"惯性思维"的回答，展开惯性思维的概念教学。这一设计实现了教学导入明确教学主题的目的，但是在激发学习动机和激活已有经验上稍有欠缺，教师可以进一步引导学生思考身边的案例和情景，随机抽取一两名学生进行分享，进一步激发学生的已有经验和学习的内在动机。

12.3.2 创新方法教学导入原则

作为教师，如何设置有趣的课堂导入，如何把学习者的注意力迅速转移到所要学习的新课题上，是教师素质高低的一个重要体现。要想做好课堂上的教学导入，就必须遵循一定的导入原则。

1. 目的性原则

导入要依据教学目标、教学内容、学习者的年龄特点、学习者的知识基础、学习者的学习心理和兴趣爱好等进行有目的的设计。教学导入既要符合教学目标和教学任务，又要依据教学内容的结构、重点和难点，更要考虑学习者的知识基础和起点能力，还要考虑学习者的学习心理特征。也就是说导入的目的性要强，不能只顾形式新颖，喧宾夺主。

2. 启发性原则

积极的思维活动是课堂教学成功的关键。富有启发性的导入能引导学习者发现问题，激发学习者产生解决问题的强烈愿望，能创造愉快的学习情景，促使学习者自主进入探求知识的境界，起到抛砖引玉的作用。因此，导入要有利于引起注意、激发学习者的思考、活跃学习者的思维、调动学习者学习的积极性，使学习者产生强烈的求知欲望。

3. 关联性原则

事物之间是相互关联的，任何一个新问题的解决都是利用主体经验中的旧知识实现的。知识之间也是相互联系的，各种新知识都是从旧知识中发展而来的。导入要善于以旧拓新。也就是说导入的内容要与新课内容紧密相连，揭示新旧知识的联系，使学习者的认识系统化。

4. 艺术性原则

导入讲求艺术性，就是要"第一锤就敲在学习者的心上"，通过富有艺术魅力的导入，深深地吸引学习者，使学习者处于渴望学习的心理状态，产生探究的欲望和认知的兴趣，使学习者以最佳的心态投入学习活动中去。

5. 变化性原则

课堂是一个动态变化的环境，如不同的课程内容使用的导入不同；同样的课程内容不同的老师使用的导入不同；同样的课程内容同样的老师，不同的教学目标使用的导入不同；同样的课程内容同样的老师同样的教学目标，教学班级不同、教学时间不同、学习者的学习特征不同则使用的导入不同。教师在课堂上要善于根据课堂的氛围和学习者的状态，机智地变化、调整导入行为。

6. 科学性原则

课堂导入是课堂教学的关键，课堂导入是否科学直接影响着课堂教学的整体效果。导入必须建立在科学的教与学的理论之上，确保导入内容、导入方法的科学。导入时既要考虑教师和学习者，还要考虑教学内容和教学环境，更要考虑导入的目的和意义。

7. 简洁性原则

语言大师莎士比亚说："简洁是智慧的灵魂，冗长是肤浅的藻饰。"导入要力争用最简洁的语言，花费最少的时间，迅速而巧妙地激发学习者学习的兴趣，集中学习者的注意力，缩短师生之间、学习者与教材之间的距离。

课堂导入只是盛宴前的"小餐"，而不是一堂课的"正餐"。导入阶段要使学习者尽快进入学习情境，使学习者以最少的时间取得最好的学习效果。因此，导入必须做到简洁，过程紧凑，各环节之间既层次清楚，又安排合理。导入时间不宜超过5分钟。

12.3.3 创新方法课堂导入类型

教学没有固定的形式，导入也没有固定的方法。由于教育对象不同、教学内容不同，导入也不会相同。即使是同一教育对象、同一教学内容，不同教师也有不同的导入方法。在课堂教学中常用的导入类型有以下几种：

1. 呈现现象导入

教师在教学的开始部分，呈现与授课内容密切相关的真实现象（呈现学习者感到惊奇、有趣的现象），让学习者在解释现象的过程中发现问题并提出问题，以激发其探究的内驱力。

呈现现象的一些方法，如演示性实验、展示实物、播放视频或音频、展示图片，或者教师用语言描述等方式再现生活现象等。

【案例】教师在讲解"功能分析"时，描述生活中的情景：

炎热的夏季，一个商店里，

顾客问道："今天真是热死人，请问有扇子吗？"

店员回答："对不起先生，我们没有扇子，不过，我们有这样的小风扇，您需要吗？"

顾客说："可以可以！"

双方愉快地成交。

【评析】通过描述生活中的情景，引导学习者思考：为什么顾客想买扇子，店员说没有，只有小风扇，但是顾客还是很高兴地接受呢？发现：两件商品的共性诉求——只要能让顾客凉快就可以。扇子和小风扇具有一样的功能，就是让顾客凉快一点，自然地过渡到功能分析。

2. 设计困境

设计困境是指教师在教学的开始部分，有意设计并呈现与探究内容密切相关的困境，让学习者在设法突破困境的过程中自然地产生问题并提出问题，激发学生探究的内驱力。具体可以通过描述困境和呈现困境等方式。

（1）描述困境。在教学导入部分，教师结合 PPT、图片、实物等对遇到的困难进行形象化的讲述，让学习者设想突破困境的办法，进而产生验证这个办法的需求或聚焦需要进一步探究的问题。

【案例】教师讲述"技术冲突"时，结合 PPT 呈现生活中的一些困境。

教师：大家都骑过电动车吧？相信很多人会很关注电动车的续航问题。电动车续航有限，如何增大它的续航里程呢？

学生：多加几组电池。

学生：增加电池容量。

教师：是，最简单就是增大电池。那电池增大会带来什么问题？

学生：电动车变沉。

教师：对，在优化续航参数上还会带来一些不期望的结果，比如质量增加、成本变高。所以，技术冲突就是这样的一些困境。

（2）呈现困境。在教学导入部分，教师采用演示或展示有缺陷的实物的方法来直接呈现困难，促使学习者聚焦问题并产生解决问题的需求，为积极主动地开展教学活动做好准备。

【案例】教师讲述"技术冲突消除方法"时，借助自己佩戴的眼镜呈现困境。

教师将自己佩戴的近视眼镜（因环境温度变化镜片起雾）展示给大家。

教师：仔细看一下这个眼镜，你们看到了什么现象？

学生：眼镜镜片上起雾了。

教师：怎样解决眼镜起雾问题呢？

【评析】教师采用展示生活中的实物——起雾的眼镜，向学习者呈现了因环境温度变化，近视眼镜起雾的情景，引导学习者观察。"怎样解决眼镜起雾问题呢？"的追问，不仅使学生聚焦核心问题，还有效地激发了学习者突破困境寻求解决问题办法的积极性。

3. 赋予任务

赋予任务是指教学前，教师先赋予学习者特定的任务，使学习者在亲自尝试、亲身体验、完成任务等过程中自行发现问题，产生解决问题的需求，进而形成学习的动力。

有意义学习理论认为，学习者在明确意识到学习任务与自身或日常生活的相关意义的情况下，更愿意全身心投入，积极地学习。因此，教师可以在课前布置探究的任务，或者在教学开始部分组织学习者开展活动，让其在完成任务或进行活动的过程中积累经验，提出问题，使学习者意识到这些问题是他们需要解决的，这将更有助于激发学习者自主探究的内驱力。如布置一些观察记录、交流课前收集的资料、组织体验操作活动或者进行比赛、游戏等，都是赋予任务的一些方法。

【案例】教师在导入"TRIZ 的科学效应"教学时，借助专业实践特色，让学生在专业实践中体验研磨带打磨工程零件。然后在教学时引入"工程上应用的研磨带是在环形带的外表面涂上研磨材料，当研磨层被磨完了就要换研磨带，怎样才能既不增加研磨带长度，又能使它的工作寿命延长呢？"的问题。

12.3.4 创新方法课堂讲解技能

讲解，是用语言传授知识的一种教学方式，它的实质是通过语言对知识进行剖析和揭示，剖析组织要素和过程程序，揭示内在联系，从而使学习者把握知识的实质和规律。

12.3.4.1 讲解技能的内涵

讲解，又称讲授，是指教师运用教学语言，辅以各种教学媒体，引导学习者理解教学内容并进行分析、综合、抽象、概括，形成概念，认识规律和掌握原理的教学行为方式。

讲解包括讲述、解说和讲读。讲述侧重于讲，是教师运用叙述和描述的方法讲解事实的过程。解说侧重于解，是教师用阐述、说明的方式，对概念、规律、原理和法则进行解释和论证，这一方法在创新方法课堂上运用得较多。讲读侧重于读，阅读教材和案例。运用讲解技能的实质是通过语言对知识进行剖析和揭示，从而使学习者把握其实质和规律。

12.3.4.2 讲解技能的目的

从宏观上讲，讲解技能的目的与教学大纲的目标体系是一致的；从微观上讲，每节课的讲解目的与教学目标也是一致的。因此，讲解技能的教学目的大致有以下几个方面：

1. 传授知识、解难释疑

运用讲解技能的首要目的是传授知识。通过教师的讲解，把知识准确、清晰地呈现在学习者面前，引导学习者在原有的知识结构的基础上，了解、理解并进一步掌握新知识。讲解的使命就在于使学习者理解新知识。教师课堂的每一段讲解都是针对学习者学习中的疑点和难点，以及新内容传授的要点设计的。这些讲解都是以让学习者充分理解掌握知识为准则，经过认真筛选、科学组合和加工而形成的，或是描述情境、解释说明，或是阐说道理、推导结论。

2. 引导学习者、启发思维

通过讲解，引导学习者进行深入思考。讲解与灌输的区别就在于充分重视讲解引导思维、发展思维、开发智力目标的实现。当然，要实现上述目标，教师在设计讲解时要深钻教材，把握知识。同时要分析学习者的学习现状和课堂心态，努力使讲解内容能够击中学习者的心扉，激活学习者的思维，以使教师的课堂讲解内容与学习者求知渴望合拍，为学习者在已知和未知之间架通思维的桥梁。

3. 传道育人、培养品质

讲解内容与德育目标应是水乳交融的，讲解给学习者的影响是潜移默化的、润物无声的。成功的讲解可以用积极向上的思想影响学习者，使学习者受到良好道德品质和行为规范的教育。讲解以健康的审美熏陶学习者，促进学习者形成正确的审美观；讲解以正确的思维方法训练学习者，培养学习者良好的个性品质和学习习惯。

12.3.4.3 讲解技能的结构

1. 有明确的讲解结构

在确定了教学目标的基础上，分析教学内容的重点，明确新旧知识之间的联系和新知识的内在关系，根据知识结构和学习者思维的发展规律，提出系列化的关键问题，形成清晰的讲解框架，将教学内容呈现出来。这样，可以使讲解的条理清楚，也有利于引起学习者思考。这些问题不一定都要求学习者回答，某些难度较大的问题可以是设问，它们的主要功能是清楚体现教学内容的结构。

2. 语言流畅、准确、清晰

语言流畅就是紧凑、连贯。教师在课前做好充分准备和自信是语言流畅的前提。

语言准确、清晰，就是要求正确运用专业术语，用学习者能理解的词表述，不用未经定义的术语，措词和发音准确，句子完整，合乎语法。

语言表达还要做到，语音和语速应当适合讲解的内容和情感需要，根据不同的内容和课堂上的情况变化语音、语调。采取既不拖拉又不急躁的速度讲解，能够让学习者听清楚，有助于学习者较好地接受教师所讲授的知识。

3.善于使用例证

如何将课堂之所学与实际结合得更密切呢？讲课时使用例证是很好的办法。

例证，是进行学习迁移的重要手段，是把熟悉的经验与新的知识概念联系起来的桥梁。这些例子可以帮助教师把枯燥的、难以理解的知识讲生动，并与学习者所见所闻联系在一起。合理使用例证，不在于数量多，而在于所举的例子与新概念之间具有实质性的、非人为的逻辑联系，以及教师对比联系所作的透彻的分析。

因此，教师在选择例证时，应十分关注例证同所要讲解的概念、原理间的实质的逻辑联系，并正确选用讲解技能，以便更好地揭示这种逻辑联系的内涵。

【案例】教师讲解40条发明原理中的"分割原理"时使用的例证。

指导原则1：把一个物体分成多个相互独立的部分。

使用了四个例证：

①一辆大卡车可分成车头和拖车两个独立的部分；

②一个大型项目可分解成若干个子项目；

③一个学校有不同的专业和班级；

④一本书分为多个章节。

指导原则2：把一个物体分成容易组装和拆卸的部分

使用了三个例证：

①在软件工程中，使用模块化设计；

②把一套家具分解为组合家具；

③拼装式的活动板房，非常容易组装和拆卸。

4.注意形成连接

所谓连接，是强调教学环节之间的过渡与衔接。清楚、连贯的讲解是由新旧知识之间、例证与原理之间、问题和问题之间恰当的连接实现的。在讲解中，教师应仔细选择起连接作用的词或短语，使得讲解完整、流畅。

5.注重进行强调

进行强调也是讲解成功的重要因素之一。教师在讲解中，可以针对核心知识点、教学的重点或关键内容、关键问题、阶段结论等进行强调，也可以强调科学方法。

进行强调的方式有：

（1）用讲话声音的变化、身体动作的变化，做出醒目的强调标记，直接用语言提示等方式进行强调；

（2）运用概括要点和重复要点进行强调；

（3）通过接受和利用学习者的回答进行强调。

6. 反馈调整

讲解过程中，教师要随时注意学习者的兴趣、态度以及他们理解的程度，根据获得的反馈，及时调整自己的讲解。

获得反馈的方式一般有：

（1）注意观察学习者的表情、行为和操作活动；

（2）留意学习者的非正式发言；

（3）设置问题，让学习者回忆或应用所学知识与技能；

（4）给学习者提出问题的机会，让他们提出自己的看法或感到理解困难的地方。

教师在课堂教学过程中必须认真考虑讲解技能的这些构成要素，只有熟练地掌握了讲解技能，才能引导学习者去实现教学目标，完成教学任务，提高教学质量。

12.3.4.4 讲解技能的类型

1. 解释式讲解

解释式讲解又称说明式或翻译式，是将未知和已知联系起来的讲解。在教学中，解释式讲解是指对知识的陈述、意义的交代、结构的显示、因果的揭示等。它比较适用于对具体的、事实的、陈述性的知识教学。

在创新方法课程教学中，解释式讲解一般用于具体的、事实性的知识（如专业术语、物理冲突与技术冲突、功能分析等）或者对某些基本概念的讲解。例如："功能分析"中系统概念及层级（子系统、系统和超系统）、功能的概念及功能模型等内容的解释式讲解。

对于高级的、抽象的、复杂的知识，单用解释式讲解难以取得良好的教学效果。

2. 描述式讲解

描述式又称叙述式、记述式。描述的对象是人、事和物。描述的内容是人、事、物的发生、发展、变化过程和形象、结构、要素。描述的任务在于使学习者对描述的事物、过程有一个完整的印象，有一定深度的认识和了解。

在创新方法课程教学中，描述式讲解根据具体描述的不同方式，主要分为：

（1）概要性描述，即对人、事、物的特征、要素作概述。如对创新方法的起源、创新方法的发展，以及创新方法的分类、TRIZ 的起源与发展等内容的讲解。

（2）例证式描述，即举出有代表性的、人们比较熟悉的、有说服力的例证来具体描述事物。如在"思维惯性与思维定式"内容的教学中，为说明思维惯性对于创新的消极作用，例举法国科学家法伯曾做过的一个著名的毛毛虫实验。通过例证式描述说明了思维惯性的可怕之处。再如，对于创新方法中的 40 条发明原理，为了更好地讲解分割原理、抽取 / 分离原理、嵌套原理等，都广泛地运用了例证式描述讲解。如粮田里的稻草人、中药的提纯等。

（3）程序性描述，即按事物发展过程或逻辑关系、步骤等一步步地描述讲解。描述式讲解所描述的知识多是形象的、具体的，也是初级的，难以胜任抽象的知识传授任务，难以培养学习者的逻辑思维能力。

3. 原理中心式讲解

原理中心式讲解，又称推理式讲解，是以概念、规律、原理、理论为中心内容的讲解。从一般性概括的引入开始，然后对一般性概括进行论述、推证，最后得出结论，又回到一般性的概括的论述。

在创新方法课程教学中，原理中心式讲解可用于"40 条发明原理及其应用"的教学。如局部特性原理的特点？——冰箱与烘烤一体机的结合是否可行？局部特性的"让不同的部分具有不同的功能"—分析"分成两端，一端制冷区一端制热区""冰箱压缩机产生的热给烘干机提供热量"—结论—是。

4. 问题中心式讲解

"问题"即未知，"解答"即由未知到已知的认知过程。认知的关键是方法，选择方法和具体解决问题，都离不开知识和思维能力。问题可能是一个练习题、作文题，也可能是带有实际意义的课题。

因此，问题中心式又称解答式，即以解答问题为中心的讲解，主要是指课堂教学中的习题教学和讲解，也可能是解决某个带有实际意义的问题的讲解。其讲解的一般程序是：引出问题（引入、导论）—明确要求（问题标准）—选择方法—解决问题—得出结论（总结、结论）。问题中心式讲解常带有一定的探究性，在讲解中要善于利用迁移规律启迪学习者的积极思维。

例如："让毛毯飞起来"，将这个问题分解为现实部分"毛毯是存在的"和幻想部分"毛毯可以飞起来"，进一步明确分析"幻想部分为什么不现实？——因为毛毯比空气重，而且没有克服地球重力"。在此基础上分析"什么情况下幻想部分可以变成现实？——毯子的重量小于空气，施加向上的力，超过其自身重力"。针对这些列出的所有可利用的资源，并利用已有资源基于构想，考虑可能的方案，通过反复检验"方案可行性"，得出现实的解决方案。

在把握上述常见的讲解技能的基础上，应根据讲解的具体内容与学习者的实际，科学选择不同的讲解技能类型或是它们的组合，以提高课堂教学的质量。

12.3.5 创新方法课堂提问技能

课堂提问是教师常用的教学方法之一，既是教与学的纽带，师生对话的重要形式，又对激起学习者好奇心、激发学习者的学习动机、了解学习者的情况、启发学习者的思维、集中学习者的注意力等具有重要作用。如何充分发挥课堂提问的功能，如何使课堂提问在促进学习者全面发展的过程中起到应有的作用，这都需要教师掌握好课堂提问的技能。课堂提问是教学中"以教师为中心"的教学模式转向"以学习者为中心"的教学模式的途径之一。因而，能否进行恰到好处的提问，是衡量教师教学能力的一个重要尺度。

12.3.5.1 课堂提问的内涵

胡典顺等人认为："提问，在课堂上表现为师生之间的对话，是一种教学信息的双向交流活动，是师生交流的主要方式，是教师在教学中所做的比较高水平的智力动作，课堂提问技能是通过师生相互作用促进思维、引发疑问、巩固所学、检查学习、应用知识实现教学目标的教学行为方式。"

金秀美则表示："课堂提问是教师根据教学目标、联系教学重点，向学习者提出问题，并引导学习者经过思考，就所提出的问题得出结论，提出自己的看法，从而获得知识、发展智力的教学方法。"

因此，提问技能是指教师通过提出问题来激发学习者好奇心、集中学习者注意力、检查和了解学习者的学习情况、引导学习者不断深入思考，从而得出结论，获得知识、发展思维能力的教学行为方式。

12.3.5.2 课堂提问的原则

1. 目的性原则

明确教学提问的目的性，就能使提问恰到好处，为教学穿针引线，产生直接的效果。因而教师课堂提问的方式：首先，应该根据课堂目的而有所不同；其次，应该围绕不同的学习内容的性质、重难点的设置而有所不同；最后，还应针对学习者不同的学习状态和认知特点而有所不同。教师在提问时应该具有强烈的目标性，尽量避免提问的随意性、盲目性和主观性。

2. 适度性原则

课堂提问的适度性原则不仅要着眼于学习者的"最近发展区"，而且还要抓住提问的"最佳时机"。

首先，教师设计的问题的难易程度应该适中。难度太大的问题，学习者会无从下手，很快就会失去兴趣；太浅显的问题，又会让学习者觉得索然无味，同样引不起学习者的兴趣；只有适度的提问，才能达到理想的效果。

其次，教师要适当地把握好提问的频率和时间，一节课不能不断地提问，否则学习者无法冷静有效地思考，反而破坏了课堂结构的严密性和完整性。但也不能没有提问，否则整堂课会毫无生机。

3. 启发性原则

教师在课堂教学中，要根据学习者的思维特征和心理特点，设计具有启发性的问题。要善于利用提问来引导学习者，从而启迪学习者的思维，使其在学习新知识时，能够从原有的知识结构中找到联结点，最终顺利地同化新知识。

4. 全面性原则

课堂提问要面向全体学习者。至少应该包含两层含义：

一是指面向全体学习者发问，要让所有学习者都能积极思考教师提出的问题，之后做短暂的停顿，再指定学习者回答。这样，可以使全体学习者都积极思考问题，因为每个学习者都有可能被提问；可以使全体学习者对某一学生的答案进行评定，因为每个学习者思考的答案都可以拿来与被指定的学生的答案进行比较。

二是指向不同层次的学习者提问，提问要关注所有的学习者，根据学习者的知识水平提出不同要求的问题，对优秀的学习者可以合理"提高"，对中等学习者可以逐步"升级"，对学习困难的学习者可以适当"降低"；还要注意照顾有特殊需要的学习者，如提问注意力容易分散的学习者，可以使其集中精力；对胆小害羞的学习者提问其力所能及的问题，可以帮助其建立自信。

教师在课堂教学中，应该针对学习者的不学生习状况、学习风格、学习习惯等提出难度各异的问题，从而调动每个学习者思考问题的积极性和主动性，让每个学习者都参与到教学过程中来。通过让学习者发表自己的见解和不同的意见，充分施展学习者的自我个性，使全体学习者都能在原有基础上有所提高。

12.3.5.3 课堂提问的技能类型

在教学中，需要学习者学习的知识是多种多样的，有事实、现象、过程、原理、概念、法则等；有的需要记忆，有的需要理解，还有的需要分析、综合和评价等；学习者的思维方式也存在不同的形式和水平，这就要求教师在问题设计时根据不同的教学内容和学习者的实际，选择不同的提问策略。一般来说，根据提问的认知水平不同，提问可分为回忆提问、理解提问、运用提问、分析提问、综合提问、评价提问。

1. 回忆提问

回忆提问即对先前学习过的知识材料的再认和再现，是运用记忆中的知识回答，要求回答"是"与"否"的提问，或称为二择一的问题。学习者在回答这类问题时不需要进行深刻思考，只需对教师提出的问题回答"是"或"不是"、"对"或"不对"即可。回答这类问题，一般多是集体应答，不容易发现个别学习者的掌握情况。

【案例】在讲功能模型分析之前，讲授教师跟学生一起回忆：TRIZ 中功能的分类。"咱们是不是把功能分为 5 类？""有效完整功能，是我们追求的效应吗？""不完整功能需要我们改进，那么，过程完整功能是否也需要我们改进呢？""有害功能，是我们必须消除的吗？"通过这些提问，让学生回忆起功能的分类，为功能模型分析打下基础。

2. 理解提问

理解提问是能用自己领会的事实与原理进行转换、解释与推断的提问，要求学习者能用自己的话描述事实，讲述中心思想，将事实、事件进行比对等。

【案例】在讲授完功能的定义以及功能描述的要求之后，要求学生用自己的话说说，应该怎样来描述一项功能，才能准确简练。

3. 运用的提问

运用的提问是指能把所学知识运用到新情境中，要求学习者能够建立一个简单的问题情境，让学习者运用新获得的知识结合过去所学过的知识来解决新问题的提问。

【案例】课程中的功能模型分析，讲授了功能模型分析的方法，并用公共汽车作为例子，来分析公共汽车的功能模型，随后提问：据分析，交通伤亡事故中有 65% 的原因是轿车正面碰撞。很多轿车安装有安全气囊，对这些轿车所发生的交通事故调查发现，安全气囊每保护 20 人，就会有 1 人因不能受到适当保护而死亡，而且死亡的人中一般身体较矮，如儿童与妇女。

根据所学知识，分析轿车安全气囊的功能模型。

4. 分析提问

分析提问是指能把事物的整体与部分之间适当的内在关系作要素分析、关系分析与组织原理分析，能分析出知识的结构、因素，弄清事物之间的关系或事件的前因后果，识别条件与原因，或者找出条件之间、原因与结果之间的相互关系的提问。

【案例】讲授功能的定义与描述之后，例举冰箱具有满足人们"冷藏食品"的属性，起重机具有帮助人们"移动物体"的属性进行说明。让学生们分析"头盔"的功能，很多学生说，头盔的功能是"保护头部"，这种说法不准确，头盔的功能是挡住子弹，就此来提问"为什么头盔的功能我们描述为挡住子弹，而不是保护头部"，引导学生从功能存在的三个必备条件来分析，从而准确把握功能描述的方法。

5. 综合提问

综合提问是指能将所学知识的各部分重新组合，形成一个知识整体的提问。要求学习者将所学知识以另一种新的或有创造性的方式组合起来，形成一种新的关系，它要求学习者要对某一课题或内容的整体有所理解，利用掌握的知识进行分析综合、推理想象，得出结论或看法，创造性地解决问题。是教师为培养学习者综合性思维能力所进行的提问。

【案例】在讲解完分离原理之后，提出一个需求问题：有些人同时具有两种视力问题，即近视和远视。近视和远视可以分别通过不同的眼镜来进行视力矫正。比如，人到中年，由于眼睛晶体调节能力的减弱，解决既要看远处，又要看近处的问题成为当务之急。因此，对于既近视又远视的情况，该怎么办呢？

6. 评价提问

评价提问是指教师为培养学习者判断能力所作的提问。它可用来鼓励和帮助学习者根据已有的经验，建立起自己的标准，依据一定的标准来判断材料的价值。它要求学习者对一些观念、价值观、问题的解决办法或伦理行为进行判断和选择，能解释判断的理由，提出自己的见解。

【案例】智能手表日益普及，越来越多的人喜欢戴上智能手表。由于各类接口等原因，智能手表在防水、防潮方面一直做得不太好。既要提升智能手表的防水、防潮能力，又不希望手表变得更加笨重、复杂。

就扬声器这一部件的改进，解决方案如下：

基于发明原理——10：预先作用（预先对物体施加改变）的替代，给出可行的解决方案，所有可能接触外部环境的区域预先涂上防水、防腐蚀涂层，并在关键位置特别加固，方便后期组装；

基于发明原理——17：转变到新空间维度的替代，给出可行的解决方案，将扬声器移到手表内部，不再外露；

基于发明原理——28：机械系统（声、光、电磁或影响人类感觉）的替代，给出可行的解决方案，采用其他的发生机制，扬声器不需要外露；

基于发明原理——25：自服务的替代，给出可行的解决方案，自动排水，通过超声波、声音振动，清除污渍、水渍；

基于发明原理——13：反过来做（反向作用）的替代，给出可行的解决方案，提示用户注意事项，不再在防水、防腐上下功夫。

请你运用所学知识，以及实际情况，分析以上对策，你推荐哪些对策给生产厂家，说出你的理由？有没有更好的方案？

12.3.5.4 课堂提问技能构成

从对教师的最初提问的反应、回答，再通过相应的对话，引导出预期希望得到的回答，并对学习者的回答给予分析和评价，这个过程称为提问的过程。提问过程可分为以下几个阶段：

1. 引入阶段

教师用不同的语言或方式来表示即将提问，使学习者对提问做好心理上的准备。因此，提问前要有一个十分明显的界限标志，表示由语言讲解或讨论等转入提问。比如："学生们已经看到了……，那么我想问学生一个问题……"

2. 陈述阶段

陈述所提问题并作必要的说明：

（1）点题集中——引导学习者弄清要提问的主题，或使学习者能承上启下地把新旧知识联系起来；

（2）陈述问题——清晰准确地把问题表述出来；

（3）提示结构——教师预先提醒学习者有关答案的组织结构。

3. 介入阶段

在学习者不能作答或回答不完全时才引入此阶段，教师以不同的方式鼓励或启发学习者回答问题，主要考虑以下五个方面：

（1）核查——核对、查问学习者是否明白问题的意思；

（2）催促——让学习者尽快作出回答或完成教学指示；

（3）提示——提示问题的重点或答案的结构；

（4）重复——在学习者没听清题意时，原样重复所提问题；

（5）重述——在学习者对题意不理解时，用不同词句重述问题；

4. 评价阶段

当学习者对问题作出回答后，教师以不同的方式处理学习者的回答，主要有：

（1）重复——教师重复学习者的答案；

（2）重述——教师以不同的词句重述学习者的答案；

（3）追问——根据学习者回答中的不足，追问其中要点；

（4）更正——纠正错误回答，给出正确答案；

（5）评价——教师对学习者的回答进行评价；

（6）延伸——依据学习者的答案，引导学习者思考另一个新的问题或更深入的问题；

（7）扩展——就学习者的答案加入新的材料或见解，扩大学习者成果或展开新的内容；

（8）核查——检查其他学习者是否理解某学习者的答案或反应。

12.3.5.5 课堂提问技能运用要点

1. 提问的时机

所谓提问的最佳时机，就是在学习者的新旧知识发生激烈冲突，学习者意识中的矛盾被激化之时，教师提出问题，从而激起学习者回答问题的积极性。

提问时机的选择技巧：在导入新课时提问，在知识的衔接处提问，在教学重点处提问，在思维的障碍处提问，在规律的探索处提问，在教学关键处提问，在知识的伸长处提问，在题目的变通处提问，抓住兴趣点、模糊点提问，在新课结束时提问。

2. 问题的设计、表述及候答

设置问题的原则：问题指向要明确，语言简洁明了，句子不要冗长；问题要围绕讲授内容的培养目标；问题要有灵活性，联系生活、联系旧知，台阶式提问。

问题的表述：语速慢一些，语调高一些。

问题的候答：应留有候答时间，给予 3 ～ 10 秒的候答时间。

3. 问题的指派

问题的指派，即教师对问题的回答者进行的处理，指派的回答对象可以是全体回答、小组回答和个体回答。针对个别回答教师可以在举手学习者中的指派，或者随机性在所有学习者中指派，或者按照座位、学号等进行规律性指派。

4. 理答

理答是指教师对学习者回答问题后的反应和处理，是教师对学习者答问结果及表现给予的明确有效的评价，以引起学习者的注意、启发思考。

（1）追问——当学习者的回答存在不足，追问其中要点。

（2）提示——当学习者的回答有待完善，提示重点。

（3）转引——提问其他学生。

12.3.6 创新方法课堂演示技能

演示的目的是说明、印证教学内容涉及的重要事物，促进学习者的理解或指导学习者的实际操作。在教学中，演示是使学习者获得感性认识的重要手段，也是培养学习者能力的一个重要环节。

12.3.6.1 演示技能的内涵

教师在课堂教学过程中为了达到特定的教学目的向学习者展示实物、图片、动画、课件或者具体的实验演示，说明实物的特点和发展变化过程，并指导学习者进行观察和思考使学习者获得感性认识的教学活动都是演示。

因而，演示技能是教师进行实际表演和示范操作，运用实物、样品、标本、模型、图表、幻灯片、影片和录像带，以及指导学习者进行观察、分析和归纳的方式，是为学习者提供感性材料，使其获得知识，训练其操作技能，培养其观察、思维能力的一类教学行为。

12.3.6.2 课堂演示技能的构成

1. 演示的引入

从教学的一个环节如教师的讲授或者学习者的合作等进入教师的演示环节，必须让学习者做好心理的准备。使用如"为了让大家更好地理解，下面老师展示一个视频案例"等这类引导，学习者的思维就会跟着老师的引导发生转换，把注意力集中到老师要演示的内容上来。

2. 演示和介绍

接下来就是教师演示和介绍，在演示的时候一定要注意要让每一位学习者都能轻而易举地观看到所演示的对象，演示之后要告知学习者演示的对象是什么，如演示图片的时候应该告知学习者"这是轿车的功能模型图""这是眼镜的功能模型图"，而不要说"请大家看这个或者请看图"，这样的话语指示不清。

3. 指引观察

接下来就是教师演示，如果是实验的演示和实验技能的示范操作，教师要结合自己演示的步骤，向学习者清楚地说明，每一步在做什么，怎样做。学习者会结合教师语言的提示观看教师的演示。

如"眼镜的功能模型图"的演示，教师在展示图片之后要向学习者明确说明应观察什么，如充分功能、不足功能等等，如果在多媒体演示教室，可以运用动画播放来结合教师的讲解以突出观察的重点。

演示的目的是要把全体学习者的注意力都凝聚到一个目标方向。因此，必须通过问题指引学习者观察，才能够让学习者抓住观察的重点，再通过观察到的现象分析、归纳，总结出现象背后的本质，从而解决教师提出的问题。

4. 说明和小结

在演示结束之后，往往需要学习者根据观察的内容回答老师的问题，教师要在学习者回答的基础上进行梳理，对于所观察内容中重要的本质层面的知识要进一步说明，帮助学习者总结出演示背后想让学习者掌握的概念、原理规律等。

综上所述，演示技能的构成包括：演示的引入，演示和介绍，指引观察和说明小结。每一步都需要教师的精心设计，让学习者沉浸在演示的情境中观察和思考，并最终完成学习目标。

12.3.7 创新方法课堂组织管理技能

苏霍姆林斯基曾说过："教育的技巧并不在于能预见到课堂的所有细节，而是在于根据当时的具体情况，巧妙地在学习者不知不觉中做出相应的变动。"课堂教学是个复杂的过程，受很多因素的影响，常常会出现很多难以预料的情况，需要教师掌握一定的课堂管理调控技能，提高驾驭课堂的能力，才能保证课堂教学有效、有序地进行。

12.3.7.1 课堂组织管理技能的内涵

课堂组织管理技能，是在课堂教学过程中，教师不断地组织学习者注意、引导学习、管理纪律、建立和谐的教学环境，帮助学习者达到预定教学目标的行为方式。这个技能的实施，是使课堂教学得以有效的动态调控，与教学顺利进行和促使学习者思想、情感、智力的发展有密切的关系。一个组织方法得当，井然有序的课堂，学习者的注意力集中，教师循循善诱，必然会使课堂教学取得好的效果。教学组织管理技能是课堂教学活动的"支点"，它贯穿于整个课堂教学活动的始终。

12.3.7.2 课堂组织技能的类型

1. 管理性组织

管理性组织是对课堂纪律的管理。其作用是使教学能在一种有秩序的环境中进行。课堂是学习的场所，既要使学习者能够生动活泼地学习，又要有纪律作为保障。因此，教师在进行课堂管理组织的时候，既要不断地启发诱导，又要不断地纠正某些学习者的不良行为，保证课堂教学的顺利进行。

教师可用暗示的方法处理一般课堂秩序问题，如用目光暗示，或在暗示的同时配合语言提示，非语言行为暗示或提示，或者采用向其邻近的学习者提问、排除干扰注意力的诱因、课后谈话等方法解决问题。

2. 指导性组织

（1）对阅读、观察等的指导组织。阅读、观察等是学习者学习的一种方法。如何使学习者迅速地投入这种学习，并掌握学习方法，需要教师在课堂上不断地进行指导性组织。如首先要给学习者明确观察什么和如何观察，然后才让学习者观察。

（2）对讨论或课堂教学的组织。讨论是一种有计划、有组织，可以让学习者积极参与的独特的教学方式。在创新方法课堂上，讨论出现频次较多，如全体讨论。在全体讨论中，教师是讨论的主持者，提出问题后，发动学习者相互交流，教师作为其中一员参加讨论，讨论的成败，在很大程度上取决于教师启发、引导的能力。此外，还经常采用分组讨论、专题讨论、辩论式讨论等形式。

在创新方法课堂中，教师对于讨论的教学组织需要关注：第一，论题没有简单现成的答案，教师设计讨论选题时必须进行深入的揣摩；第二，论题要能够引起学习者的兴趣，来源于他们所熟悉的领域，但又不十分明了的问题；第三，为了使讨论顺利进行，要给学习者适当的时间做准备并善于点拨和指导，使所有人都参与讨论；第四，要制定应该遵守的规则，以防把争论变成个人冲突。

3. 诱导性组织

诱导性组织是在教学过程中，教师用充满感情、亲切、热情的语言引导、鼓励学习者参与教学过程，用生动有趣、富有启发性的语言引导学习者积极思考，从而使学习者顺利完成学习任务。其方式有亲切热情鼓励、设疑点善激发等等。

教师除了通过提问激发学习者学习的积极性之外，还要善于启发诱导，使学生掌握科学的思维方法。所以，在课堂教学组织中，教师不是生硬地灌输知识，也不是代替学习者思考，把结论直接告诉学习者，而是积极启发诱导，使学习者沿着一条思维路线科学正确地得出结论。

【案例】

教师在讲授"系统及层级"时，发现有一位学习者在看手机。这时，这位教师的处理方法是：走到这个学习者身边，然后向全体学习者提问："谁能识别出当前汽车系统的子系统？能不能给大家描述一下？"提出问题后，教师用目光扫视全体，然后再落到该学习者身上，拍拍他的肩膀，暗示他回答这一问题，使他集中注意力听课。

【分析】

上面这个案例，是教师课堂教学中的管理性组织。教师在课堂上发现个别学习者没有集中注意力听讲时，便先提出一个简单的问题，让全体学习者思考，然后，教师通过体态语言暗示分神的学习者，要求他回答问题，使他意识到自己的不良行为，并将注意力集中到课堂学习中。这种做法是善意的，是尊重学习者人格的表现。

12.3.8 创新方法教学板书设计技能

板书技能是教师必须掌握的一项基本教学技能和基本功，在教学中发挥着重要的作用。

12.3.8.1 板书技能的内涵

板书，是教师根据教学的需要，运用文字、图表、符号等再现和突出教学内容，向学习者传递教学信息的必要教学行为方式。板书技能可以从两个维度上进行理解：一是从动态的角度，板书技能是指教师在教学过程中，根据教学的需要，运用一系列的符号（如文字、字母、线条、图表、图画等），借助一定的介质（如黑板、多媒体投影等）将教学信息传递给学习者，以帮助他们记忆、理解、强化知识并促进知识迁移，从而提高教学效果的过程和教学行为方式；二是从静态的角度，板书技能是指教师在教学过程中为帮助学习者理解和掌握教学内容而以凝练的符号等形式呈现出主要的教学信息的总和，是一种教学结果。

12.3.8.2 板书类型

1. 从板书的地位看

从板书的地位看，板书可分为主板书和副板书两类。主板书也叫基本板书，是教师在备课过程中精心设计的，揭示了教学内容的本质，体现了教学内容的重点、难点和关键点以及内在逻辑，能够代表教学内容的基本事实，是整个课堂板书的核心。一般说来，主板书在教学过程中是要完整保留。副板书也叫辅助板书，是教师在教学过程中为了让学习者更好地理解教学内容，或者是对主板书的补充注解和辅助性说明，而在黑板一侧随机写下的板书。副板书，可以随写随擦。

2. 从板书的格式看

从板书的格式看，板书可分为提纲式、表格式、条目式、图示式、板画式、综合式、过程式、示意式、对比式、连线式等形式。下面选取创新方法课程中最常见的几种进行介绍。

（1）提纲式板书。提纲式板书是板书中最为常见的形式，适用范围最为广泛，几乎适用于所有的学科。它是以教学内容的内在逻辑联系为主线，经过教师的综合分析与加工、提炼，用精练的语言准确地概括出教学内容各部分、各层次的要点，按照教学思路以及学习者的认知规律，通过一定的层次和顺序将其要点呈现出来，从而从整体上把握内容的体系框架。

【案例】"九屏幕法"提纲式板书案例

创意思维工具——九屏幕法

一、九屏幕法步骤

（1）系统；

（2）子系统；

（3）超系统。

二、九屏幕法画法

（1）过去；

（2）现在；

（3）未来。

这种板书的特点是层次清晰、简明扼要、逻辑性强，便于学习者提纲挈领地系统掌握所学知识。

（2）表格式板书。表格式板书是将教学内容进行分类、整理及梳理，提炼出相应条目并对其进行重新编码，将教学内容呈现在表格中。其特点是简洁明了、一目了然，便于学习者从中发现事物的本质，深刻地领会教学内容。如创新方法教学中的物理冲突部分，关于常见的物理冲突类型的表格式板书，如表 12-3 所示。

表 12-3　常见的物理冲突类型表

类别	物理冲突			
几何类	长与短	厚与薄	平行与交叉	对称与非对称
	宽与窄	圆与非圆	锋利与钝	水平与垂直
材料及能量类	多与少	密度大小	导热率高低	温度高与低
	时间 长与短	功率 大与小	黏度 高与低	摩擦系数 大与小
功能类	推与拉	冷与热	快与慢	成本高与低
	强与弱	软与硬	喷射与堵塞	运动与静止

（3）图解式板书。图解式的板书用文字、数字、线条、关系框图等表达教学的主要内容。这种板书能将分散的知识系统化，或揭示某一专门知识的构成要素及其相互联系。图解式板书又可分为两类，一类是几何图形，另一类是画面图像。它们的共同点都是以直观的图画代替抽象的文字，具有新颖活泼、简明扼要、一目了然的特点，如图 12-4 所示。

TRIZ解题模式

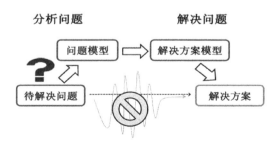

图 12-4　"TRIZ 解题模式"图解式板书

图 12-4 中的板书完全是由长方形、线条、符号等图形构成，将 TRIZ 解题模式的思路、内容完整地展现在学习者面前。

（4）连线式。连线式板书以某一线索为主线，将教学内容的要点以线条进行连接，它兼具提纲式与表格式板书之长。这类板书有两种，一种为自然连线，不构成任何图形；另一种则构成一定的图形，后者更具艺术魅力。

（5）综合式。综合式板书有两个含义：一是指教学内容知识的综合反映，即将教学中所涉及的多方面的知识综合地反映在板书里，将散乱的知识系统化、简约化，形成知识网络；二是指多种板书形式的综合使用，即在板书中综合运用多种呈现方式。这种板书设计不仅便于学习者理解和记忆，而且便于知识迁移，以培养和提高学习者综合运用知识的能力，同时，这种板书生动丰富，具有视觉冲击力。事实上，单一呈现方式的板书是很少的，一般采用两种或两种以上的呈现方式。

12.3.8.3 板书技能运用要点

1. 从教学内容的逻辑结构入手

设计板书时，一定要考虑教学内容的逻辑关系，弄清教学内容的前后逻辑关系，从整体上设计板书，使板书的变化有理有序。

2. 抓住教学内容的重点、难点和特点

教学内容的重点、难点和特点往往是板书的主要内容。因此，抓住了教学内容的重点和难点，板书的主要内容也就大致确定了。

3. 善用简笔画

以线条、几何图形等构成的简笔画，构图简单，形象突出，表现力较强，再配以恰当的文字说明，可以起到事半功倍的成效。

4. 注重创新

板书需要创新，教师要针对每一特定教学内容，结合使用多种板书的表现形式，做到既传递教学内容，又不失新意。

12.3.9 创新方法课堂总结技能

俗话说："编筐编篓在收口。"课堂总结是课堂教学结构中十分重要的环节。一堂完整的课，末尾的总结会直接影响整堂课的教学效果。总结技能与导入技能互为关联，它是导入的延续和补充。导入时引起的话题和引入的内容在课堂教学行将结束时应该有一个完美的交代和解答。导入的目的是激发学习者的学习兴趣和动机，那么在结束时应该使这种兴趣和动机最终升华为对知识的理解和对技能的掌握。

12.3.9.1 总结技能内涵

总结技能，是教师在一个教学内容结束或一节课的教学任务终了时，有目的、有计划地通过归纳总结、重复强调、实践等活动使学习者对所学的新知识、新技能及时进行巩固、概括、运用，把新知识新技能纳入原有的认知结构，使学习者形成新的完整的认知结构，并为以后的教学做好过渡的一类教学行为。教师的总结技能，有时候也被称为教师的结课技能。结课是对某阶段课程的最后收尾工作。

12.3.9.2 总结技能类型

课堂总结作为课堂教学的重要内容，发挥着重要的作用，但是在实际教学中，我们发现，一些教师的总结语言过于程式化，总是老一套，如"今天我们学习了什么知识？有什么收获？有没有什么问题？"等，不足以引发学习者的注意与思考。作为一种技能的应用，教师要真正做到"有课有结、结课有法"，就需要掌握一定的方法。

1. 归纳概括式

为了使学习者对课堂所学习的内容形成一个整体而深刻的印象。教师在一节课结束时，运用语言或者板书等形式，对所讲授的知识按照其结构和主线进行简明扼要的概括、归纳、总结，及时指明并强化教学的重点、难点，明确问题的关键，并对基本的概念和原理进行最后的简单说明，加深学习者对新知识的印象和理解，初步建构起完善的知识结构体系。

这种方法可以是教师单独进行，也可以是学习者在教师的帮助与指导下由学习者来完成，还可以由学习者独立完成。教师在进行归纳时最好采用板书的形式，并辅之以简单的讲解，前面所讲的提纲式、线索式、表格式以及图解式等板书类型都很适用。

【案例】完成创新方法"技术冲突及消除方法"教学之后，教师总结消除技术冲突的总体流程：基于功能分析，进行问题描述，找出改善的工程参数和恶化的工程参数，转换为 TRIZ 问题，借助冲突矩阵表，对应 40 条发明原理，形成问题解决的方案。

2. 问题悬疑式

问题悬疑式是在一节课将近结束时，教师向学习者提出有一定难度的新问题供学习者自行探讨，引起学习者的注意和兴趣的一种总结方式。这种总结方式，也是针对学习者对新事物充满了强烈的好奇心和求知欲的心理特点而设计的。此外，教师可以结合教学内容制造一个或几个与以后的学习内容相关的疑问或带有启发性的问题，设置悬念，给学习者创设认知冲突，让其带着问题离开课堂。叶圣陶先生说："结尾是文章完了的地方，但结尾最忌讳的却是真个完了。"让学习者带着问题上课，又带着新问题下课，正是学习者进步发展的见证。

【案例】完成创新方法"技术矛盾与矛盾矩阵"教学之后，我们来进行课后总结：技术矛盾描述的是一个系统中的两个参数之间的矛盾，指在改善对象的某个参数（A）时，导致另一个参数（B）的恶化，我们称参数 A 和参数 B 构成了一对技术矛盾。我们通过工程参数和矛盾矩阵来找到解决方案。那么，对同一个对象的某个特性（A）提出了互斥的要求，例如，某个对象既要大又要小，既要长又要短，既要快又要慢，既要高又要低，既要有又要无，或者既要导电又要绝缘，我们还可以使用矛盾矩阵来解决吗？

3. 启发联想式

这种结课方式是教师在结课环节，鼓励学习者积极地思考，拓展思路，探索解决问题的新办法。学习者的想象力和解决问题的能力都是在日常教学的过程中不断地培养发展而来的，教师在结课时可以启发学习者大胆展开想象。

【案例】在讲解创新方法"技术矛盾与矛盾矩阵"之后，针对"智能手表"的防水与重量矛盾，提出了 5 条解决方案，那么我们还能提出其他的解决方案吗？在这些解决方案中，哪些是厂家已经有类似解决方案的？

4. 前后呼应式

前后呼应式结课是指教师在导课环节向学习者提出一些提纲挈领的问题，整堂课就紧紧围绕着这些问题展开，而在课堂小结时对这些问题进行全方位的解决。前后呼应的结课方式有助于保持整堂课的完整性，同时也有利于学习者对问题的理解，对新知识的回忆与巩固。

【案例】在讲解创新方法"物理矛盾"的时候，以飞机的机翼为例："飞机的机翼应该尽量大，以便在起飞时获得更大的升力；飞机的机翼应该尽量小，以便减少在高速飞行时的阻力"，导入物理矛盾的讲解；通过讲解，运用物理矛盾的分离原理和方法，给出完美的解决方案。在总结的时候，再次运用此案例，来总结物理矛盾的定义与解决方案，引导学生运用此方法解决物理矛盾问题。

5. 比较分析式

在某一教学内容或一堂课结束时，教师通过语言或者板书等形式将所讲授的新知识与学习者原有的已掌握的知识进行比较分析，找出它们各自的本质特征或不同点、它们的内在联系或相同点，以便使学习者既巩固了原有的知识，又能够更准确、更深刻地理解新知识。

【案例】完成创新方法"物理冲突及消除方法"教学之后，教师对比分析技术冲突和物理冲突，以促进学习者掌握二者之间的联系与转化：技术冲突和物理冲突都反映的是技术系统的参数属性，技术冲突是技术系统中两个参数之间的冲突；物理冲突是技术系统中针对一个参数的冲案。技术冲突与冲突矩阵工具应用起来比较烦琐，39 个工程参数的约定会有局限性，准确选择很困难，不适合新手应用，在新技术领域受限制。物理冲突不受 39 个工程参数限制，可解决"哈姆雷特式（to be，or not to be）"难题。

6. 思维导图式

教师在进行总结时，尤其是在一堂课、一个大的知识点、一个主题单元，甚至一个学期的课程结束时，可以引导学习者进行思维导图的绘制，培养他们的创造力和对知识的理解力。思维导图的绘制可以是学习者个人进行，可以是小组合作完成，也可以在教师的带领下全班一起进行。

【案例】完成创新方法"创新思维工具——小人法"教学之后，教师对小人法解决问题的模型进行总结，借助于思维图示的方式进行总结梳理，如图 12-5 所示。

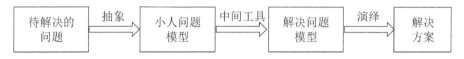

图 12-5　思维导图式总结法

12.3.9.3 总结技能运用要点

1. 避免对课堂总结认识的片面性

按照课程目标的要求，课堂总结的内容应该围绕教学目标进行，包括知识与技能，过程与方法，情感、态度和价值观三个方面。教师要明确课堂总结的基本内容，它不仅仅包括对知识技能的总结，还包括对其他两个方面的总结，要引导学习者分析回顾学习的过程，挖掘提炼思考的方法与策略，升华情感、态度和价值观。

2. 明确课堂总结的主体

课堂总结的主体既包括教师，也包括学习者。在当前发挥学习者主体性的时代背景下，不能只有教师作为课堂总结的主体，学习者也应该成为课堂总结的主体。教师要转变观念，帮助学习者学会对所学知识与技能的总结概括，对过程与方法的抽象、挖掘，对情感、态度和价值观的体验和感悟，提高对学习结果的内化水平。这就需要教师传授总结概括的思想方法，使学习者善于从不同角度审视和思考所学的知识与实际经验的内在联系，善于从思考过程中提炼出一般的思维规律，善于从各个方面考虑同一知识的不同运用。

3. 总结时要注意反馈，及时了解学习者掌握的程度

教学的最终目的是"学"而不是"教"，教师要始终明确学习者是认识的主体。在教学过程中，教师要尊重学习者主体的反应，在总结时要注意反馈。比如，在提问时，教师所提的问题难度要适当，要面对大多数的学习者。当提出问题后要给学习者足够的时间去思考，根据学习者的互动情况作出相应的调整。而且，当学习者作出回答后，教师要认真进行评估，要多给予学习者鼓励。

4. 明确课堂总结发生的时机

很多教师认为只要在课堂将近结束时进行课堂总结就可以，其实不然。根据教学内容体系的编排以及教学的需要，可以将其分为课时教学的总结、单元教学的总结、模块教学的总结以及整册书学习后的总结这四种类型。具体到每一节课，也就是课时教学的总结，课堂总结可以发生在教学过程中的任何时间点，可以是课堂结束时，也可以是某一个小的知识点讲解结束时，还可以是教学过程中对方法、思路的总结等，而且总结所用的时间根据实际情况可长可短。教师要根据教学过程中的实际情况以及学习者对教学内容的反应及理解掌握程度，灵活应变，选择合适的时机自然地进入总结，使总结成为一种水到渠成的教学行为，而不是与教学过程分离的或僵硬地执行教学设计的安排。

12.4 创新方法教学评价技能

教学评价，指在一定教育价值观的指导下，依据确立的教学目标，通过使用一定的技术和方法，对所实施的教育教学活动、教学过程和教学结果进行科学判定的过程。广义上包括对教师教的评价和与学习者学的评价两个方面。一般实践中多侧重对学习者的学进行评价。

教学评价是创新方法教学的重要环节，在教学实施过程中发挥着导向、区别、鉴定、督促、激励、问题诊断、目标调节和经验交流的作用，其主要目的是了解学习者实际学习和发展的状况，以利于改进教学、促进学习，最终提高每一位学习者创新性思考问题和解决问题的能力。

12.4.1 创新方法教学的评价理念

教师的评价理念决定着教师对待学习者的态度和情感，决定着教师面对学习者时的言谈举止，决定着教师对学习者的考查方式等，可以说，教师有什么样的评价理念，就会培养出具有什么素养的学习者。

1. 创新方法教学评价宗旨

培养和提高学习者的创新意识、创新思维能力，明确创新方法解决问题的思路是创新方法类基础课程评价的宗旨。在教学实施活动中，评价大多集中在基础知识和技能的掌握上，评价注重近期的、显性的效果，衡量指标也多是围绕目标的知识与技能、过程与方法两个维度上。教学的评价既要关注学习结果，又要关注学习过程中情感、态度的变化，应实现评价目标的多元化，将创新思维和创新技法融汇贯通。

2. 创新方法教学评价核心

以学习者为主体的创新意识培养、创新思维和创新方法训练活动是创新方法教学评价的核心。学习者的创新训练活动应作为教学评价的重要维度，学习者的创新训练活动状态应成为评价的聚焦点。

具体可以根据学习者活动过程中的一些外显行为特征，评价课堂教学中学习者群体的训练活动水平和状态。

（1）学习者在活动中的参与状态。评价学习者是否能全体参与训练活动全过程，评价学习者是否全身心投入活动全过程，即课堂教学活动参与的广度和深度。

（2）学习者在活动中的交往状态。评价学习者在活动过程中是否能友好地合作，评价整个课堂活动的氛围是否和谐、愉悦，评价课堂上是否存在多变的、丰富的信息联系和反馈。

（3）学习者在活动中的生成状态。评价学习者能否在自主、合作、探索中不断提升自己的认知，能否生成预设内容；评价学习者在活动中有没有独特的表现，能否生成非预设的内容、提出深层次的问题或得出不同寻常的答案。

（4）学习者在活动中的思维状态。评价学习者在活动中的思维是否敏捷、是否有依据、有条理，是否善于用自己的语言解释说明；评价学习者思维的批判性，看其是否善于质疑，提出有价值的问题；评价学习者思维的独特性、创造性，看学习者在活动中是否能标新立异，是否有自己的思想或创意，等等。

（5）学习者在活动中的情绪状态。通过捕捉学习者的细微表情变化去分析判断其情绪，看是否有适度的紧张感、愉悦感，是否能自我控制和调节情感。如，是否能从上一次成功案例分析的喜悦中立即转入新的、更具挑战性的创新方法训练活动中。

12.4.2 创新方法教学评价的类型

教学评价的类型，按照不同的分类标准有不同的分法。如，按评价时机，可分为诊断性评价、形成性评价和终结性评价；按评价性质，可分为定性评价和定量评价。本部分仅重点从评价时机的分类角度进行分析。

1. 诊断性评价

诊断性评价，也称教学前评价或前置评价，即准备性评价，是在教学活动前进行的准备性和预测性评价，是对评价对象的现状和存在状态作出鉴定。

创新方法教学要选择适合每位学习者特点和需要的有效教学策略，必须了解学生及其知识储备，了解学习者对学科的态度和愿望。在创新方法教学中，诊断性评价一般是在某项活动开始之前，为使计划更有效地实施而进行的评价。通过诊断性评价，教师可以辨认出哪些学习者已经掌握了过去所学的全部教学内容，哪些学习者还没有掌握以及他们掌握到了什么程度，从而设计出适合不学生习者的教学计划。

2. 形成性评价

形成性评价，又称过程性评价，其主要目的是获得学生学习过程中反馈的信息，随时了解学生学习的情况，从而修正教师自己的教学策略。评价实施覆盖整个教学过程。因此，教学实践中，教师需要了解学习者的学习进展，并且知道怎样使学习者继续发展。教学中往往需要频繁地进行评价，每当一个新概念或者新工具的教学初步完成时，就应该进行形成性评价。

形成性评价的形式有很多，其中一种重要的形式就是结合教学活动展开的表现性评价，即学习者经历一项学习任务的同时，收集学习者在学习过程中的投入程度、学习方式、效果和存在的问题，以了解学习者的进步情况，诊断存在的问题，明确教学的方向。表现性评价既可以由教师来评价，又可以让学生进行自评和互评；既可以使用以描述为主的方式，又可以是过程化的活动记录单和绘制的图示等形式。形成性评价的另一种形式就是学习者成长记录档案袋。

3. 终结性评价

终结性评价又称总结性评价，是对课堂教学的达成结果进行的评价，一般是在教学活动结束时，为了把握最终的活动成果而进行的评价，注重的是教与学的结果。目的是评定一段时间以来学习者的学习情况。如，学期末创新方法课程的考核、考试，目的是判定学习者的学习成果是否达到了创新方法教学目标的要求，对学习者的学习作出全面评定。

12.4.3 创新方法的教学评价方法

基于创新方法对学习者学习活动过程的关注，实践中的评价应采用真实性评价为主，书面测试为辅。

1. 真实性评价

真实性评价的特点是注重理解和应用创新思维方法及工具，包括创新意识、创新思维方法和创新方法工具等的综合应用，既注重结果，也注重过程。评价的依据是学习者的成果，如分析过程、小创意、模型图示等；或可观测到的行为表现，如运用问题解决工具解决问题的分析过程、创新方案设计等。

真实性评价法包括表现性评价法、量表评价法、档案袋评价法、作业法、谈话法以及问卷法等。

（1）表现性评价法。可以创设某一情景，设计真实性任务，通过观察、记录和分析学习者在活动中的表现，对其参与意识、合作精神、运用创新方法工具分析问题的思路、内容的理解和认知水平，以及表达交流能力等进行全方位的评价。评价依据通常是学习者的具体行为表现。

实施表现性评价法的一般过程是：确定评价目的—设计合适的真实任务与工作单—制定可操作性的评价量规（标准）—收集评价资料—形成评价结果。

（2）量表评价法。预先设定比较详细的评分标准。评分标准可以是用简单的语言描述出不同水平（分数）及学生应表现出来的相应理解水平和操作技能。

量表评价的要求是：量表必须与教学目标一致，并在评估前与学习者交代清楚；每一个水平（分数）的标准必须至少包含 2 个标志；在正式评估前要做常识性评估，用尝试性评估结果来修正所定的标准；量表必须从好到差列出不同水平（一般优、良、中、差）的相应标准，如表 12-4 所示。

表 12-4　纸桥承重评价量表

项目	及格	中	良	优	评定
基本要求契合度 15 分	没有注意到纸桥基本的长宽高跨度、纸张材料数等信息	基本关注并符合纸桥基本的长宽高跨度、纸张材料数等信息	比较好地关注并符合纸桥基本的长宽高跨度、纸张材料数等信息	全部遵守了纸桥基本的长宽高跨度、纸张材料数等信息	
结构造型性 30 分	几乎没有查阅资料，没有关注、思考桥的结构和造型	简单查阅了资料，并围绕材料进行了思考，基本关注到桥的结构、造型等内容	有计划地查阅了资料，并围绕材料进行了思考梳理，较好地关注到桥的结构、造型等内容	有计划地、系统地查阅了资料，并围绕材料进行了思考梳理、再分析，很好地关注到桥的结构、造型等内容	
承重性 15 分	没有达到规定的承重性	基本达到规定的承重性	超过规定的承重性	远远超过规定的承重性	
测试 10 分	仅仅简单测试	围绕要求进行了承重和结构性测试	围绕要求进行了比较好的承重测试和结构性测试	围绕要求进行了比较好的承重测试和结构性测试，并针对测试作出修改	

（续表）

项目	及格	中	良	优	评定
美观性 15分	美观性较差 做工粗糙、胶液痕迹多、对纸桥没有做美化处理	美观性一般 做工一般、有比较多的胶液痕迹、对纸桥做了简单的美化处理	美观性比较好 做工比较好、有很少的胶液痕迹、对纸桥做了比较多的美化处理	美观性好 做工非常好、没有胶液痕迹、对纸桥做了很多的美化处理	
文档完成度 15分	材料文档填写不完备，缺项少项，填写信息过于笼统	材料文档填写基本完备，很少缺项少项，填写信息完整	材料文档填写比较完备，几乎没有缺项少项，填写信息完整翔实	材料文档填写非常完备，没有缺项少项，填写信息非常完整翔实	
量化积分	6 9 18	7 11 21	8 12 24	9 14 18	
评价					

（3）作业法。教师根据教学需要，布置给学习者一定数量的作业，再根据作业的完成情况来判断学习者的学习效果和学习状态。作业按照完成单位体，分为小组作业和个人作业；按照完成时限和规模，分为短期小作业和长期综合性作业。

短期小作业一般当堂课或当天完成，最长不超过一周，内容大多是针对一个具体的知识点、技能或方法。如创新思维工具九屏幕法教学中，"矿泉水瓶标识设计"的作业，在课上要求用九屏幕法解决快速区分自己与他人的瓶装水的问题。再如，在创新方法的"功能分析"教学中，"建立注射器的功能模型""建立盛水的杯子功能模型"等作业，基于功能分析和功能模型的教学，学习者在短时间内提交完成作业。

综合性大作业一般是需要一周以上的时间，大多是针对整门课程所涉及的需要广泛地运用各种知识、技能、方法才能完成的综合性的项目作业。如"基于TRIZ改进热水器水温不稳定问题""基于TRIZ改善高铁座椅与体型适配度问题""改进共享电车续航能力不足问题""基于TRIZ的智能环卫机器人功能改进""基于TRIZ的CRH动车组手推餐车改良设计""基于TRIZ的新型轮椅助力系统"等综合性项目作业，要求学习者构建团队，完成对应选题的制式的项目申报书。

（4）谈话法。此种方法是教师通过与评价对象进行单独的标准化谈话，按预先周密制订的计划进行一问一答的个别谈话。一般来说，谈话法在一些特殊情况下较多采用。比如，对一些表现特殊的、平时有学习障碍等的学习者进行评估时，需要客观精确地描述学习者的进步情况；或者对该学习者发展的可能性作出具有可信度的预测时，教师需要相关信息，以调整课程教学实施策略（内容选择、组织形式、活动模式）等，从而确保教学目标得以实现。

在教学实践中，评价的主体大多是教师，应该关注到让学习者融入教学的评价。如，让学习者直接参与评价，其在自我评价活动中会获得更深入的学习和自我认识的发展。学习者评价包括自评和互评。在自评和互评中，教师都要帮助其明确学习目标，了解评价指标。从评价的行为模式看，学习者互评的技术策略主要有：转换，包括指标转换和角色转换。指标转换是把活动的要求转化成容易掌握的简明要诀；角色转换是指在活动中随时交换角色，然后从不同的角色定位、不同的角度互相推荐，互相评价。推荐，包括推荐优秀作品和优秀个人，在推荐过程中说出作品或者个人的优点和长处，指出其值得大家学习的地方，并作重点展示，进行扼要地介绍和恰当地点评。欣赏，在推荐的基础上，针对个别优秀的成果可以在小组中甚至在更大的集体里欣赏。建议，相互间对活动或者成果提出改进建议，通过献计献策，使活动或成果更趋完美、有趣、富有成效。

2. 书面测试评价

书面测试评价可用于检测对于基础概念和基础工具理解的评价，在单元评价或期中、期末等环节都可以使用。好的试题设计应能调动学习者运用科学的思维和方法去分析现象，解决日常学习、生活和社会民生中的问题，并能全面考查学习者的创新思维能力和创新方法工具的运用水平。

书面测试评价往往用于单元的评价，或者是期中、期末考试等终结性的评价环节。好的书面测试题目设计能调动学习者，运用科学的思维和方法观察现象、分析问题、解决问题，并能全面地考查学习者的综合发展能力和水平。

书面测试不仅可以对学科知识进行评价，也可以对文字的表达、分析、理解能力、逻辑推理与论证能力、解决问题的能力以及情感态度与价值观等方面加以测评。为此，教师要尽可能地减少了解程度的试题，适当地增加理解、分析、应用等方面的测试。命题要凸显评价的诊断、激励、改进与发展功能，促使学习者改进学习方式，提升学习能力。

第13章　专利申请与规避

13.1 知识产权概述

13.1.1 知识产权的定义

知识产权是指人们就其智力劳动成果所依法享有的专有权利，通常是国家赋予创造者对其智力成果在一定时间期限内享有的专有权或独占权。通常认为有专利、商标、版权、软件著作权等类型，如图 13-1 所示。

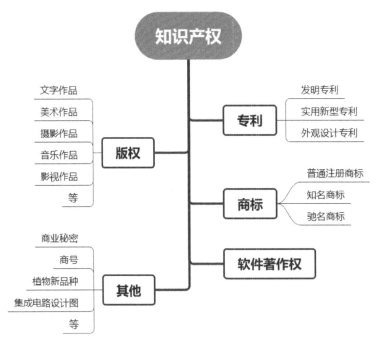

图 13-1　知识产权的种类

本质上，知识产权是一种虚态化的专有财产权，是具有明显的智力性的劳动成果。它与房屋、家具等有形私有财物同属个人财产，受国家法律的保护，本身具有价值和使用价值两个属性。在社会经济中，某些特大医药配方、重大工艺产品或配方、重大发明专利、国际商标或艺术作品的价值以百千万甚至百千亿元计算。

《中华人民共和国民法通则》规定，知识产权属于民事权利，是基于创造性智力成果和工商业标记依法产生的权利的统称。

专利是知识产权中的一个重要组成部分，是受法律规范保护的发明创造，它是指一项发明创造向国家审批机关提出专利申请，经依法审查合格后向专利申请人授予的在规定的时间内对该项发明创造享有的专有权。

13.1.2 专利的起源

"专利"（patent）一词在我国最早可追溯到 2000 多年以前，春秋时期左丘明著《国语•周语》中提道："今王学专利，其可乎？匹夫专利，犹谓之盗，王而行之，其归鲜矣。荣公若用，周必败。"周第十王周厉王姬胡在位期间，对山林川泽垄断，施行国家专营的政策，将其收归天子直接控制，平民百姓在山林川泽中的任何采摘砍柴或是打鱼狩猎的劳作，均需上交费用。左丘明记载为"王行专利"，此处"专利"指的是专享特权谋取利益之意，与现代法律意义上的专利含义有很大出入。

专利来源于拉丁语 litterace patents，意为公开的信件或公共文献，是欧洲中世纪时期的君主向所辖区域颁布某种特权的证明。

1474 年 3 月 19 日，威尼斯共和国颁布了世界上第一部专利法，正式名称为《发明人法规》（Inventor Bylaws）。从此之后到 1600 年的这 100 多年里，在威尼斯，许多重要的工业发明，如提水机、碾米机、排水机、运河开凿机等被授予 10 年的特许证。伊丽莎白女王统治时期，专利授权活动出现小的高潮，1561—1590 年，英女王批准了有关刀、肥皂、纸张、硝石、皮革等物品制造方法的 50 项专利。

1624 年，英国的《Statute of Monopolies》（一般译为《垄断法》）开始实施。《垄断法》宣告目前所有垄断、特许和授权一律无效，自颁布日起"新制造品的真正第一个发明人授予在本国独占实施或者制造该产品的专利证书和特权，为期十四年或以下，在授予专利证书特权时其他人不得使用"。《垄断法》被公认为现代专利法的鼻祖，它明确记载和规定了涉及专利法的一些基本定义与范畴。

1877 年，德国颁布专利法，记载并开始推行强制审查原则，这使德国成为世界上最早实行专利审查制的国家。

1905 年，英国正式开始实行专利申请检索制度，在此前主要靠审核人员的知识体系、经验和讨论确定是否给予专利证明。

专利制度诞生后，对人类文明产生重要影响的发明很多都被授予了专利权。例如 1752 年弗兰克林发明的避雷针，1812 年斯蒂文森发明的火车，1867 年诺贝尔发明的炸药，1887 年爱迪生发明的留声机，以及 1893 年狄塞尔发明的内燃机，等等。

13.2 专利的分类

专利的种类在不同的国家或者地区中有不同规定，在我国专利法中规定有三类：发明专利、实用新型专利和外观设计专利；在我国香港地区《专利条例》和《注册外观条例》中分为标准专利、短期专利、外观设计专利；在美国专利分为发明专利、外观设计专利和植物专利。

1. 发明专利

《中华人民共和国专利法》（以下简称《专利法》）第二条第二款对发明的定义是："发明，是指对产品、方法或者其改进所提出的新的技术方案。"发明专利并不要求它是经过实践证明可以直接应用于工业生产的技术成果，它可以是一项解决技术问题的方案或是一种构思，具有在工业上应用的可能性。但这也不能将这种技术方案或构思与单纯地提出课题、设想相混同，因为单纯的课题、设想不具备工业上应用的可能性。

2. 实用新型专利

（1）《专利法》第二条第三款对实用新型的定义是："实用新型，是指对产品的形状、构造或者其结合所提出的适于实用的新的技术方案。"同发明一样，实用新型保护的也是一个技术方案。但实用新型专利保护的范围较窄，它只保护有一定形状或结构的新产品，不保护方法及没有固定形状的物质。实用新型的技术方案更注重实用性，其技术水平较发明而言，要低一些，多数国家实用新型专利保护的都是比较简单的、改进性的技术发明，可以称为"小发明"。

（2）授予实用新型专利，不需要经过实质审查，手续比较简便，费用较低。因此，关于日用品、机械、电器等方面的有形产品的小发明，比较适用于申请实用新型专利。

3. 外观设计专利

（1）《专利法》第二条第四款对外观设计的定义是："外观设计，是指对产品的形状、图案或者其结合以及色彩与形状、图案的结合所作出的富有美感并适于工业应用的新设计。"《专利法》第二十三条对其授权条件进行了规定："授予专利权的外观设计，应当不属于现有设计；也没有任何单位或者个人就同样的外观设计在申请日以前向国务院专利行政部门提出过申请，并记载在申请日以后公告的专利文件中"，"授予专利权的外观设计与现有设计或者现有设计特征的组合相比，应当具有明显区别"，以及"授予专利权的外观设计不得与他人在申请日以前已经取得的合法权利相冲突"。

（2）外观设计专利与发明专利、实用新型专利有着明显的区别，外观设计注重的是设计人对一项产品的外观所做出的富于艺术性、具有美感的创造，但这种具有艺术性的创造，不是单纯的工艺品，它必须具有能够为产业所应用的实用性。外观设计专利实质上是保护美术思想的，而发明专利和实用新型专利保护的是技术思想；虽然外观设计和实用新型与产品的形状有关，但二者的目的却不相同，前者的目的在于使产品形状产生美感，而后者的目的在于使具有形态的产品能够解决某一技术问题。例如一把雨伞，若它的形状、图案、色彩相当美观，那么应申请外观设计专利；如果雨伞的伞柄、伞骨、伞头结构设计精简合理，既可以节省材料又有耐用的功能，那么应申请实用新型专利。

（3）外观设计专利的保护对象，是产品的装饰性或艺术性外表设计，这种设计可以是平面图案，也可以是立体造型，更常见的是这二者的结合。

13.3 专利的特征

专利是无形财产权的一种，与有形财产相比，具有以下主要特征。

（1）具有独占性。所谓独占性，亦称垄断性或专有性专利权，是由政府主管部门根据发明人或申请人的申请，认为其发明成果符合专利法规定的条件，而授予申请人或其合法受让人的一种专有权。它专属权利人所有，专利权人对其权利的客体（发明创造）享有占有、使用、收益和处分的权利。

（2）具有公开性。所谓专利权的公开，是指除部分国防专利或者请求并审批不公开的专利外，其他专利都必须公开，是以公开技术作为换取外界对申请者专有权的承认。只有公开申请的内容，法律才能判断是否构成侵权。

（3）具有时间性。所谓专利权的时间性，即指专利权具有一定的时间限制，也就是法律规定的保护期限。各国的专利法对于专利权的有效保护期均有各自的规定，而且计算保护期限的起始时间也各不相同。《专利法》第四十二条规定："发明专利权的期限为二十年，实用新型专利权和外观设计专利权的期限为十年，均自申请日起计算。"

（4）具有地域性。所谓地域性，就是对专利权的空间限制。它是指一个国家或一个地区所授予和保护的专利权，仅在该国或地区的范围内有效，在其他国家和地区不发生法律效力，其专利权是不被确认与保护的。如果专利权人希望在其他国家享有专利权，那么，必须依照其他国家的法律另行提出专利申请。除非加入国际条约及双边协定另有规定之外，任何国家都不承认其他国家或者国际性知识产权机构所授的专利权。

13.4 专利的申报程序

专利申请是获得专利权的必须程序。专利权的获得，要由申请人向国家专利机关提出申请，经国家专利机关批准并颁发证书。申请人在向国家专利机关提出专利申请时，还应提交一系列的申请文件，如请求书、说明书、摘要和权利要求书等。在专利的申请方面，世界各国专利法的规定基本一致。申请人或发明人可以自己申请或者找代理事务所申请。

依据专利法，发明专利申请的审批程序包括受理、初审、公布、实审以及授权五个阶段。实用新型或者外观设计专利申请在审批中不进行早期公布和实质审查，只有受理、初审和授权三个阶段。图 13-2 为我国专利申请审查程序。

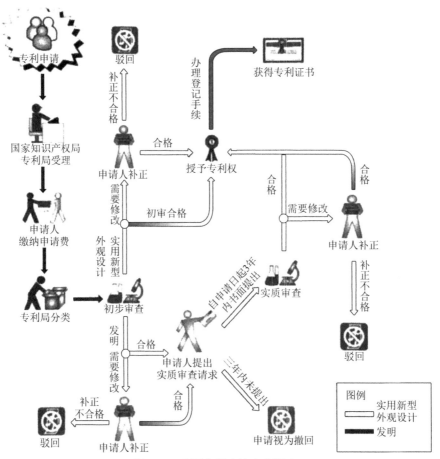

图 13-2　我国专利申请审查程序

13.5 专利申请书格式与内容简介

专利申请文件是个人或单位为申请取得专利权向国家专利局提交的一系列文件的总称。申请发明专利、实用新型专利和外观设计专利这三种专利需提交的文件略有不同。

申请发明专利的，申请文件应当包括：发明专利请求书、摘要、摘要附图（需要时）、说明书、权利要求书、说明书附图（需要时），各一式两份。

涉及氨基酸或者核苷酸序列的发明专利申请，说明书中应包括该序列表，把该序列表作为说明书的一个单独部分提交，并与说明书连续编写页码，同时还应提交符合国家知识产权局规定的记载有该序列表的光盘或软盘。

申请实用新型专利的，申请文件与发明专利相似，包括：实用新型专利请求书、摘要、摘要附图（适用时）、说明书、权利要求书、说明书附图（需要时），各一式两份。

申请外观设计专利的，申请文件应当包括：外观设计专利请求书、图片或者照片（要求保护色彩的，应当提交彩色图片或者照片），以及对该外观设计的简要说明，各一式两份。提交图片的，两份均应为图片，提交照片的两份均应为照片，不得将图片或照片混用。

在专利审批授权后，会发放专利证书，还可以通过知识产权局网站查询专利的详细说明书，并依照专利权利要求书申请保护的内容，对专利侵权进行判定。专利的详细信息由以下几部分组成。

13.5.1 专利著录信息

专利信息首页为专利著录信息，包括专利的基本信息与摘要，如图 13-3 所示。专利基本信息中包括：申请号、申请日、申请人、发明人等与专利所有人相关信息。在国家专利局接受申请后，发放给申请人申请号，专利后续审批与授权均以申请号为准，专利获批后的保护起始日期为接受申请的申请日。申请人是专利所有权人，可以是企业或个人。发明人是创造出专利的工作者。摘要用简要文字来解释专利的内容与保护内容，可以配有必要的摘要附图辅助说明。

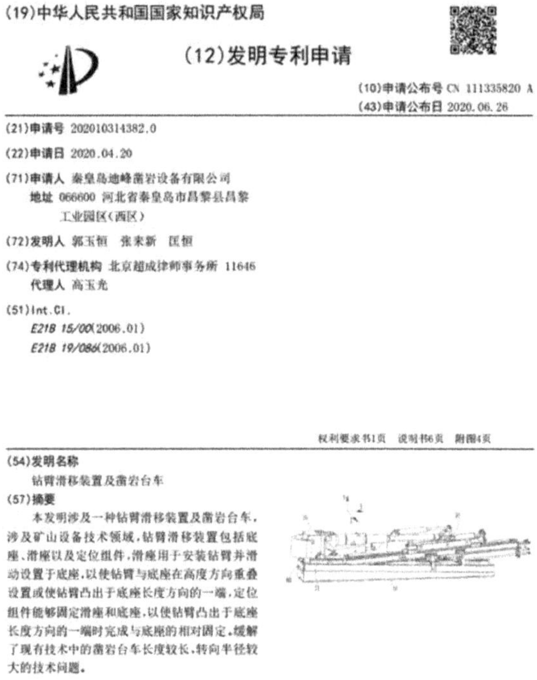

（19）中华人民共和国国家知识产权局

（12）发明专利申请

（10）申请公布号 CN 111335820 A

（43）申请公布日 2020.06.26

（21）申请号 202010314382.0

（22）申请日 2020.04.20

（71）申请人 秦皇岛地峰凿岩设备有限公司
地址 066600 河北省秦皇岛市昌黎县昌黎
工业园区（西区）

（72）发明人 郭玉恒 张来新 匡恒

（74）专利代理机构 北京超成律师事务所 11646
代理人 高玉充

（51）Int.Cl.
E21B 15/00（2006.01）
E21B 19/08（2006.01）

权利要求书1页 说明书6页 附图4页

（54）发明名称
钻臂滑移装置及凿岩台车

（57）摘要
本发明涉及一种钻臂滑移装置及凿岩台车，
涉及矿山设备技术领域，钻臂滑移装置包括底
座、滑座以及定位组件，滑座用于安装钻臂并滑
动设置于底座，以使钻臂与底座在高度方向重叠
设置或使钻臂凸出于底座长度方向的一端，定位
组件能够固定滑座和底座，以使钻臂凸出于底座
长度方向的一端时完成与底座的相对固定，缓解
了现有技术中的凿岩台车长度较长、转向半径较
大的技术问题。

图 13-3 专利著录信息页

13.5.2 权利要求书

权利要求书是专利要求保护的独有的内容。权利要求书中要明确申请保护内容的特征。权利要求二为专利的独立权利要求，也就是要保护的最重要的内容，其他权利要求为从属权利要求。权利要求书有基本的书写格式，对于独立权利要求，其格式为："一种专利主题名称，其特征在于……"；对于从属权利要求，其格式为："根据权利要求二所述的专利主题名称，其特征在于……"。

13.5.3 说明书及说明书附图

说明书是专利的内容与实施过程，由技术领域、背景技术、发明内容、附图说明和具体实施方式几部分组成。说明书附图中，使用图片辅助解释发明内容。

技术领域是指专利预期实施的工程领域。

背景技术指在专利实施之前，现有技术的应用情况。

发明内容是将发明的内容进行解释，可以附图说明，但要求在说明书之后附图。发明内容中要明确发明对原系统的有益效果。

当有附图时，可通过附图说明将文字内容与附图进行对应。

具体实施方式是通过实施案例来解释发明的内容，保证发明可实施。

13.6 专利侵权的判定

专利是法律赋予发明人的一种合法权利，保护其发明的利益不受侵害，因此，其他仿效者很容易侵犯发明人的权利。掌握侵权的判断原则，了解侵权判定的法规与逻辑，可为进行专利的规避设计提供宏观指导。专利侵权的判定原则主要包括以下原则：全面覆盖原则、等同原则、禁止反悔原则、多余指定原则、逆等同原则。下面利用 A、B、C、D……代表专利当中的技术特征进行说明。

13.6.1 全面覆盖原则

全面覆盖指被控侵权物（产品或方法）将专利权利要求中记载的技术方案的必要技术特征全部再现；被控侵权物（产品或方法）与专利独立权利要求中记载的全部必要技术特征一一对应并且相同。全面覆盖原则，即全部技术特征覆盖原则或字面侵权原则。

（1）字面侵权即被控侵权对象完全对应等同于专利权利要求中的全部必要技术特征，虽然文字表达有所变化但无任何实质的修改、添加和删减（见图 13-4）。

（2）从属侵权即被控侵权对象除了包含专利的全部必要技术特征之外，又添加了其他技术特征（见图 13-5）。

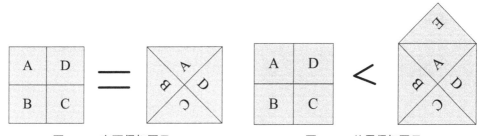

图 13-4　字面侵权图示　　　　　图 13-5　从属侵权图示

13.6.2 等同原则

等同原则是指被控侵权物（产品或方法）中有一个或者一个以上技术特征经与专利独立权利要求保护的技术特征相比，从字面上看不相同，但经过分析可以认定两者是相等同的技术特征。这种情况下，应当认定被控侵权物（产品或方法）落入了专利权的保护范围。在专利侵权判定中，当适用全面覆盖原则判定被控侵权物

（产品或方法）不构成侵犯专利权的情况下，才适用等同原则进行侵权判定（见图13-6）。

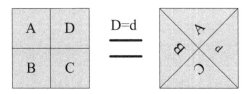

图 13-6　等同原则图示

等同特征又称为等同物，被控侵权物（产品或方法）中，同时满足以下两个条件的技术特征时，可以认定为专利权利要求中相应技术特征的等同物。

（1）被控侵权物中的技术特征与专利权利要求中的相应技术特征相比，以基本相同的手段，实现基本相同的功能，产生了基本相同的效果。

（2）对该专利所属领域普通技术人员来说，通过阅读专利权利要求和说明书，无须经过创造性劳动就能够联想到的技术特征。

13.6.3 禁止反悔原则

禁止反悔原则是指在专利审批、撤销或无效程序中，专利权人为确定其专利具备新颖性和创造性，通过书面声明或者修改专利文件的方式，对专利权利要求的保护范围做了限制承诺或者部分放弃了保护，并因此获得了专利权，而在专利侵权诉讼中，法院利用等同原则确定专利权的保护范围时，应当禁止专利权人将已被限制、排除或者已经放弃的内容重新纳入专利权保护范围。当等同原则与禁止反悔原则在适用上发生冲突时，即原告主张适用等同原则判定被告侵犯其专利权，而被告主张适用禁止反悔原则判定自己不构成侵犯专利权的情况下，应当优先适用禁止反悔原则（见图13-7）。

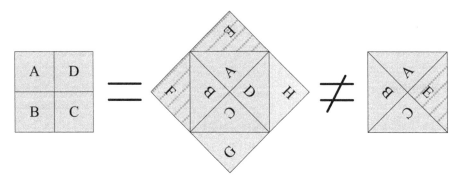

图 13-7　禁止反悔原则图示

图 13-7 右端被控对象采用了左端专利技术在申请阶段放弃的部分技术特征 E 来实现了技术要求，因此适用于禁止反悔原则，不构成专利侵权。

13.6.4 多余指定原则

多余指定原则是指在专利侵权判定中，在解释专利独立权利要求和确定专利权保护范围时，将记载在专利独立权利要求中的明显附加技术特征（即多余特征）略去；仅以专利独立权利要求中的必要技术特征来确定专利权保护范围，判定被控侵权物（产品或方法）是否覆盖专利权保护范围的原则。这个原则实际上不是一个判断上的标准，而只是在判断前确定专利保护范围的一个准则而已（见图 13-8）。随着 2009 年最高人民法院《关于审理侵犯专利权纠纷案件应用法律若干问题的解释》明文确立了"全部技术特征原则"（即"全面覆盖原则"），由此宣告了"多余指定原则"在实践上的终结。

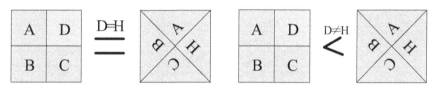

图 13-8　多余指定原则图示

当附加技术特征 D 被"指定"为"多余的技术特征"时，专利保护范围为 A+B+C。侵权判定时存在两种情况：

（1）若被控对象包含此多余技术特征（D=H）时，构成专利侵权。

（2）若被控对象不包含此多余技术特征时，属于该专利的从属专利，同样构成从属专利侵权。

13.6.5 逆等同原则

当被控侵权物完全落入全面覆盖中的字面侵权时，或满足申请专利范围的所有限制条件，但其技术特征的手段、功能或结果截然不同，则尽管落入字面侵权，但不涉及侵权（见图 13-9）。逆等同原则是美国联邦最高法院在专利侵权案件审判中确立的平衡原则，用于对等同比较的结果进行修正。从侵权判定的角度而言，逆等同原则是被告针对相同侵权指控的一种抗辩手段。

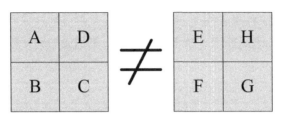

图 13-9 逆等同原则图示

13.6.6 专利侵权的判定流程

法律侵权判断原则优先适用全面覆盖原则，如果技术方案涵盖了原专利权利要求所记载的全部技术特征，则应用逆等同原则进行判断，如果不同则不侵权，如果相同，则为侵权；如未涵盖全部技术特征，则适用等同原则，判断二者的区别技术特征是否在特征、功能和效果三方面实质相等同。若特征实质等同，则适用禁止反悔原则，判断是否该等同技术特征已经贡献给社会公众，成为现有技术。专利侵权判断流程如图 13-10 所示。

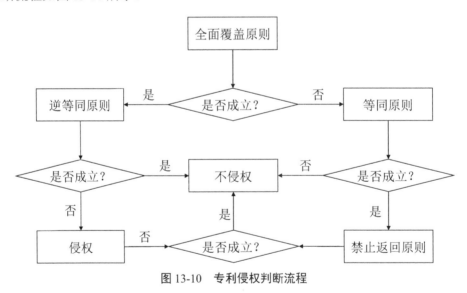

图 13-10 专利侵权判断流程

13.7 专利规避基本知识

13.7.1 专利规避的原则

专利规避最初的目的是从法律的角度来绕开某项专利的保护范围，以避免专利权人进行侵权诉讼。专利规避是企业进行市场竞争的合法行为。首先对专利规避设计的实施方法作出回应的是法律学者，随着专利纠纷案件的不断积累，总结与归纳出了相应的组件规避原则，其主要是从删除、替换、更改以及语义描述的变化等方面进行专利规避。

实际应用中，专利规避设计可遵循的三点原则：

（1）减少组件数量以避免侵犯全面覆盖原则；

（2）使用替代的方法使被告主体不同于权利要求中指出的技术以防止字面侵权；

（3）从方法、功能、结果上对构成要件进行实质性改变，以避免侵犯等同原则。

专利规避设计原则是从侵权判断的角度进行分析，根据权利要求书分析专利的必要技术特征，对其进行删减和替代，以减少侵权的可能性。专利规避设计原则是宏观层面上的指导方针，对设计人员来说，需要具体可以实施的过程来详细指导如何在现有专利技术基础上进行重组和替代，开发出新的技术方案，绕开现有专利的保护范围。功能裁剪作为有效的分析工具能够指导设计人员进行技术分析，并结合专利规避设计原则选择合理的技术进行删除或替代，从根本上突破现有专利的技术垄断。

13.7.2 专利规避设计方法

1. 专利规避设计的基本要求

专利规避重点在于利用不同的结构或技术方案来达成相同的功能，可以巧妙利用原有专利的遗漏点进行创新设计。一般来说，一个成功的专利规避设计需要满足如下两个基本条件。

（1）在专利侵权判定中不会被判侵权。这是专利规避设计最下限的要求，也是法律层面最基本的要求。

（2）确保规避设计的成果具备商业竞争力、满足获利要求。不是为了规避而规避，必须考虑避免因成本过高而导致产品失去竞争力和利润空间的问题，这个是商业层面上的要求。

2. 专利规避设计的预期效果

做好专利规避设计会达到以下预期效果：

（1）使产品更具竞争力，强化原有产品的优点，改良缺点；

（2）可能产生一项或多项新的技术专利；

（3）可能避免被判恶意侵权。

3. 专利规避设计常用方法

专利规避设计需要结合专利人员、技术人员以及市场人员等各方力量，才可能更富有成效。这里对于专利人员的要求较高，需要有扎实的专利法律知识功底和专利实务操作经验，对技术、产品的原理非常熟悉，对产业和市场比较敏感。

具体来讲，可从以下几方面进行专利规避设计。

（1）借鉴专利文件中技术问题的规避设计。通过专利文件解析新产品的技术方案解决的技术问题，重新设计得到完全不同于专利中的技术方案，则不存在侵权的问题。但是，另起炉灶的研发成本可能会较大，研发周期也相对较长。专利文件仅起到提示竞争者创新的作用，竞争者对其利用程度不高。

（2）借鉴专利文件中背景技术的规避设计。专利文件的背景技术部分往往会描述一种或多种相关现有技术，并指出它们的不足之处；审查员也会指出最接近的现有技术，有些国家的专利文件中还会指出与该专利相互引证的专利文献。

因此，借助于与该专利相近的技术文献，完全有可能通过对现有技术以及其他专利技术的改进，组合形成新的技术方案，来规避该专利。这种规避设计方法利用了专利文件的信息，在此基础上创造出了不侵犯该专利权的规避设计方案，但在此过程中要注意避免对其他涉及的专利构成侵权。

（3）借鉴专利文件中发明内容和具体实施方案的规避设计。专利的保护范围以权利要求为准，其具体实施方案中可能提供了多种变形和技术方案，其发明内容部分可能揭示了完成本发明的技术原理、理论基础或发明思路。然而其权利要求却未必能精准地概括上述这些具体实施方案，其技术原理、理论基础或发明思路也未必对应其权利要求中的技术方案。

通过上下两个方面进行突破，一方面，寻找权利要求的概括疏漏，找出可以实现发明目的，却未在权利要求中加以概括保护的实施例或相应变形；另一方面，可以通过应用发明内容中提到的技术原理、理论基础或发明思路创造出不同于权利要求保护的技术方案。

（4）根据禁止反悔原则借鉴专利审查相关文件的规避设计。专利权人不得在诉讼中，对其答复审查意见过程中所做的限制性解释和放弃的部分反悔；而这些很有可能就是既可以实现发明目的，又排除在保护范围之外的技术方案。所以如果能获得这样的信息，规避设计就事半功倍了。

（5）借鉴专利权利要求的规避设计。采用与专利相近的技术方案，而缺省至少一个技术特征，或有至少一个必要技术特征与权利要求不同。这里的权利要求也应当理解为字面及其等同解释。这是最常见的规避设计，也是最与专利保护范围接近的规避设计。这种方法技术上的难度相对较大，同时也应当把握好规避设计下限的度的问题。关键点在于找出权利要求各技术特征中最易缺省或替代的技术特征，也就是突破口，这需要有丰富的技术设计经验。

13.7.3 基于 TRIZ 的专利规避设计

TRIZ 来源于对大量高水平专利的分析与总结，因此，TRIZ 同样能适用于对专利的分析，对专利规避设计也有一定的启发作用。基于 TRIZ 的专利规避设计是以 TRIZ 的创新作为有效指导的，应用 TRIZ 对现有专利技术进行"模仿"，在充分分析现有技术的优势和创新点的基础上，引进其有利于发展自有技术的因素，通过技术创新进行消化吸收并融入新技术中，从而开发出更加具有创新性的新技术来规避现有专利的技术垄断。

基于 TRIZ 的专利规避设计流程可以分为以下几个阶段。

（1）专利检索与目标专利确定。通过设置主要竞争对手的专利检索背景表来精准地确定专利数据的检索范围，找到主流技术的最相关专利文献。通过专利检索，往往会得到多个相关的专利，需要对这些专利进行分析从而确定规避的目标专利。常用的专利分析方法有专利生命周期分析法、技术 / 功效矩阵法、专利地图等，选择时可以从功能 - 技术发展的角度进行筛选归类从而确定代表该领域核心技术的专利，即需要规避的目标专利。

（2）目标专利保护范围分析。通过分析目标专利的权利要求，确定必要技术特征和附加的技术特征，进而分析专利文献中的技术元件的功能、方法及结果，以了解各关键技术特征实现功能的手段。

（3）专利规避原则的选择。根据前面介绍的三种专利规避设计原则，选择其中合适的原则进行专利规避。

（4）基于 TRIZ 的专利规避设计。通过以上分析确定了需要规避的专利技术特征或关键功能元件，可以采用 TRIZ 中的冲突解决原理、物质场分析、功能裁剪、技术系统进化及效应等工具对专利进行规避设计。如果规避后产生了新问题，将这些问题转化为 TRIZ 问题，再利用 TRIZ 解决问题并产生创新方案。

（5）专利侵权判定。根据专利侵权判定原则对规避设计后形成的新产品进行专利侵权判定，以保证规避方案不侵权。若侵权则应再一次拟定规避策略，进行创新设计，直到符合设计要求并且不侵权为止，也可以将规避设计成功的新方案申请专利。

附　录

附表 1　冲突矩阵表

改善参数 ↓ ＼ 恶化参数 →	运动物体的重量 1	静止物体的重量 2	运动物体的长度 3	静止物体的长度 4	运动物体的面积 5
1 运动物体的重量			15, 8, 29,34		29, 17, 38, 34
2 静止物体的重量				10, 1, 29, 35	
3 运动物体的长度	8, 15, 29, 34				15, 17, 4
4 静止物体的长度		35, 28, 40, 29			
5 运动物体的面积	2, 17, 29, 4		14, 15, 18, 4		
6 静止物体的面积		30, 2, 14, 18		26, 7, 9, 39	
7 运动物体的体积	2, 26, 29, 40		1, 7, 4, 35		1, 7, 4, 17
8 静止物体的体积		35, 10, 19, 14	19, 14	35, 8, 2, 14	
9 速度	2, 28, 13, 38		13, 14, 8		29, 30, 34
10 力	8, 1, 37, 18	18, 13, 1, 28	17, 19, 9, 36	28, 10	19, 10, 15
11 应力、压强	10, 36, 37, 40	13, 29, 10, 18	35, 10, 36	35, 1, 14, 16	10, 15, 36, 28
12 形状	8, 10, 29, 40	15, 10, 26, 3	29, 34, 5, 4	13, 14, 10, 7	5, 34, 4, 10
13 稳定性	21, 35, 2, 39	26, 39, 1, 40	13, 15, 1, 28	37	2, 11, 13
14 强度	1, 8, 40, 15	40, 26, 27, 1	1, 15, 8, 35	15, 14, 28, 26	3, 34, 40, 29
15 运动物体的作用时间	19, 5, 34, 31		2, 19, 9		3, 17, 19
16 静止物体的作用时间		6, 27, 19, 16		1, 40, 35	
17 温度	36,22, 6, 38	22, 35, 32	15, 19, 9	15, 19, 9	3, 35, 39, 18
18 亮度	19, 1, 32	2, 35, 32	19, 32, 16		19, 32, 26
19 运动物体的能量消耗	12,18,28,31		12, 28		15, 19, 25
20 静止物体的能量消耗		19, 9, 6, 27			
21 功率	8, 36, 38, 31	19, 26, 17, 27	1, 10, 35, 37		19, 38
22 能量损失	15, 6, 19, 28	19, 6, 18, 9	7, 2, 6, 13	6, 38, 7	15, 26, 17, 30
23 物质损失	35, 6, 23, 40	35, 6, 22, 32	14, 29, 10, 39	10, 28,24	35, 2, 10, 31
24 信息损失	10, 24, 35	10, 35, 5	1, 26	26	30, 26
25 时间损失	10, 20, 37, 35	10, 20, 26, 5	15, 2, 29	30, 24, 14, 5	26, 4, 5, 16
26 物质的量	35, 6, 18, 31	27, 26, 18, 35	29, 14, 35, 18		15, 14, 29
27 可靠性	3, 8, 10, 40	3, 10, 8, 28	15, 9, 14, 4	15, 29, 28, 11	17, 10, 14, 16
28 测量精度	32, 35, 26, 28	28, 35, 25, 26	28, 26, 5, 16	32, 28, 3, 16	26, 28, 32, 3
29 制造精度	28, 32, 13, 18	28, 35, 27, 9	10, 28, 29, 37	2, 32, 10	28, 33, 29, 32
30 作用于物体的有害因素	22, 21, 27, 39	2, 22, 13, 24	17, 1, 39, 4	1, 18	22, 1, 33, 28
31 物体产生的有害因素	19, 22, 15, 39	35, 22, 1, 39	17, 15, 16, 22		17, 2, 18, 39
32 可制造性	28, 29, 15, 16	1, 27, 36, 13	1, 29, 13, 17	15, 17, 27	13, 1, 26, 12
33 操作流程的方便性	25, 2, 13, 15	6, 13, 1, 25	1, 17, 13, 12		1, 17, 13, 16
34 可维修性	2, 27 35, 11	2, 27, 35, 11	1, 28, 10, 25	3, 18, 31	15, 13, 32
35 适用性，通用性	1, 6, 15, 8	19, 15, 29, 16	35, 1, 29, 2	1, 35, 16	35, 30, 29, 7
36 系统的复杂性	26, 30, 34, 36	2, 26, 35, 39	1, 19, 26, 24	26	14, 1, 13, 16
37 控制和测量的复杂性	27, 26, 28, 13	6, 13, 28, 1	16, 17, 26, 24	26	2, 13, 18, 17
38 自动化程度	28, 26, 18, 35	28, 26, 35, 10	14, 13, 17, 28	23	17, 14, 13
39 生产率	35, 26, 24, 37	28, 27, 15, 3	18, 4, 28, 38	30, 7, 14, 26	10, 26, 34, 31

	恶化参数 → 改善参数 ↓	静止物体的面积	运动物体的体积	静止物体的体积	速度	力
		6	7	8	9	10
1	运动物体的重量		29, 2, 40, 28		2, 8, 15, 38	8, 10, 18, 37
2	静止物体的重量	35, 30, 13, 2		5, 35, 14, 2		8, 10, 19, 35
3	运动物体的长度		7, 17, 4, 35		13, 4, 8	17, 10, 4
4	静止物体的长度	17, 7, 10, 40		35, 8, 2,14		28, 10
5	运动物体的面积		7, 14, 17, 4		29, 30, 4, 34	19, 30, 35, 2
6	静止物体的面积					1, 18, 35, 36
7	运动物体的体积				29, 4, 38, 34	15, 35, 36, 37
8	静止物体的体积					2, 18, 37
9	速度		7, 29, 34			13, 28, 15, 19
10	力	1, 18, 36, 37	15, 9, 12, 37	2, 36, 18, 37	13, 28, 15, 12	
11	应力、压强	10, 15, 36, 37	6, 35, 10	35, 24	6, 35, 36	36, 35, 21
12	形状		14, 4, 15, 22	7, 2, 35	35, 15, 34, 18	35, 10, 37, 40
13	稳定性	39	28, 10, 19, 39	34, 28, 35, 40	33, 15, 28, 18	10, 35, 21, 16
14	强度	9, 40, 28	10, 15, 14, 7	9, 14, 17, 15	8, 13, 26, 14	10, 18, 3, 14
15	运动物体的作用时间		10, 2, 19, 30		3, 35, 5	19, 2, 16
16	静止物体的作用时间			35, 34, 38		
17	温度	35, 38	34, 39, 40, 18	35, 6, 4	2, 28, 36, 30	35, 10, 3, 21
18	亮度		2, 13, 10		10, 13, 19	26, 19, 6
19	运动物体的能量消耗		35, 13, 18		8, 35, 35	16, 26, 21, 2
20	静止物体的能量消耗					36, 37
21	功率	17, 32, 13, 38	35, 6, 38	30, 6, 25	15, 35, 2	26, 2, 36, 35
22	能量损失	17, 7, 30, 18	7, 18, 23	7	16, 35, 38	36, 38
23	物质损失	10, 18, 39, 31	1, 29, 30, 36	3, 39, 18, 31	10, 13, 28, 38	14, 15, 18, 40
24	信息损失	30, 16		2, 22	26, 32	
25	时间损失	10, 35, 17, 4	2, 5, 34, 10	35, 16, 32, 18		10, 37, 36,5
26	物质的量	2, 18, 40, 4	15, 20, 29		35, 29, 34, 28	35, 14, 3
27	可靠性	32, 35, 40, 4	3, 10, 14, 24	2, 35, 24	21, 35, 11, 28	8, 28, 10, 3
28	测量精度	26, 28, 32, 3	32, 13, 6		28, 13, 32, 24	32, 2
29	制造精度	2, 29, 18, 36	32, 23, 2	25, 10, 35	10, 28, 32	28, 19, 34, 36
30	作用于物体的有害因素	27, 2, 39, 35	22, 23, 37, 35	34, 39, 19, 27	21, 22, 35, 28	13, 35, 39, 18
31	物体产生的有害因素	22, 1, 40	17, 2, 40	30, 18, 35, 4	35, 28, 3, 23	35, 28, 1, 40
32	可制造性	16, 40	13, 29, 1, 40	35	35, 13, 8, 1	35, 12
33	操作流程的方便性	18, 16, 15, 39	1, 16, 35, 15	4, 18, 39, 31	18, 13, 34	28, 13 35
34	可维修性	16, 25	25, 2, 35, 11	1	34, 9	1, 11, 10
35	适用性，通用性	15, 16	15, 35, 29		35, 10, 14	15, 17, 20
36	系统的复杂性	6, 36	34, 26, 6	1, 16	34, 10, 28	26, 16
37	控制和测量的复杂性	2, 39, 30, 16	29, 1, 4, 16	2, 18, 26, 31	3, 4, 16, 35	30, 28, 40, 19
38	自动化程度		35, 13, 16		28, 10	2, 35
39	生产率	10, 35, 17, 7	2, 6, 34, 10	35, 37, 10, 2		28, 15, 10, 36

改善参数 ↓ \ 恶化参数 →		应力、压强 11	形状 12	稳定性 13	强度 14	运动物体的作用时间 15
1	运动物体的重量	10, 36, 37, 40	10, 14, 35, 40	1, 35, 19, 39	28, 27, 18, 40	5, 34, 31, 35
2	静止物体的重量	13, 29, 10, 18	13, 10, 29, 14	26, 39, 1, 40	28, 2, 10, 27	
3	运动物体的长度	1, 8, 35	1, 8, 10, 29	1, 8, 15, 34	8, 35, 29, 34	19
4	静止物体的长度	1, 14, 35	13, 14, 15, 7	39, 37, 35	15, 14, 28, 26	
5	运动物体的面积	10, 15, 36, 28	5, 34, 29, 4	11, 2, 13, 39	3, 15, 40, 14	6, 3
6	静止物体的面积	10, 15, 36, 37		2, 38	40	
7	运动物体的体积	6, 35, 36, 37	1, 15, 29, 4	28, 10, 1, 39	9, 14, 15, 7	6, 35, 4
8	静止物体的体积	24, 35	7, 2, 35	34, 28, 35, 40	9, 14, 17, 15	
9	速度	6, 18, 38, 40	35, 15, 18, 34	28, 33, 1, 18	8, 3, 26, 14	3, 19, 35, 5
10	力	18, 21, 11	10, 35, 40, 34	35, 10, 21	35, 10, 14, 27	19, 2
11	应力、压强		35, 4, 15, 10	35, 33, 2, 40	9, 18, 3, 40	19, 3, 27
12	形状	34, 15, 10, 14		33, 1, 18, 4	30, 14, 10, 40	14, 26, 9, 25
13	稳定性	2, 35, 40	22, 1, 18, 4		17, 9, 15	13, 27, 10, 35
14	强度	10, 3, 18, 40	10, 30, 35, 40	13, 17, 35		27, 3, 26
15	运动物体的作用时间	19, 3, 27	14, 26, 28, 25	13, 3, 35	27, 3, 10	
16	静止物体的作用时间			39, 3, 35, 23		
17	温度	35, 39, 19, 2	14, 22, 19, 32	1, 35, 32	10, 30, 22, 40	19, 13, 39
18	亮度		32, 30	32, 3, 27	35, 19	2, 19, 6
19	运动物体的能量消耗	23, 14, 25	12, 2, 29	19, 13, 17, 24	5, 19, 9, 35	28, 35, 6, 18
20	静止物体的能量消耗			27, 4, 29, 18	35	
21	功率	22, 10, 35	29, 14, 2, 40	35, 32, 15, 31	26, 10, 28	19, 35, 10, 38
22	能量损失			14, 2, 39, 6	26	
23	物质损失	3, 36, 37, 10	29, 35, 3, 5	2, 14, 30, 40	35, 28, 31, 40	28, 27, 3, 18
24	信息损失					10
25	时间损失	37, 36, 4	4, 10, 34, 17	35, 3, 22, 5	29, 3, 28, 18	20, 10, 28, 18
26	物质的量	10, 36, 14, 3	35, 14	15, 2, 17, 40	14, 35, 34, 10	3, 35, 10, 40
27	可靠性	10, 24, 35, 19	35, 1, 16, 11		11, 28	2, 35, 3, 25
28	测量精度	6, 28, 32	6, 28, 32	32, 35, 13	28, 6, 32	28, 6, 32
29	制造精度	3, 35	32, 30, 40	30, 18	3, 27	3, 27, 40
30	作用于物体的有害因素	22, 2, 37	22, 1, 3, 35	35, 24, 30, 18	18, 35, 37, 1	22, 15, 33, 28
31	物体产生的有害因素	2, 33, 27, 18	35, 1	35, 40, 27, 39	15, 35, 22, 2	15, 22, 33, 31
32	可制造性	35, 19, 1, 37	1, 28, 13, 27	11, 13, 1	1, 3, 10, 32	27, 1, 4
33	操作流程的方便性	2, 32, 12	15, 34, 29, 28	32, 35, 30	32, 40, 3, 28	29, 3, 8, 25
34	可维修性	13	1, 13, 2, 4	2, 35	11, 1, 2, 9	11, 29, 28, 27
35	适用性，通用性	35, 16	15, 37, 1, 8	35, 30, 14	35, 3, 32, 6	13, 1, 35
36	系统的复杂性	19, 1, 35	29, 13, 28, 15	2, 22, 17, 19	2, 13, 28	10, 4, 28, 15
37	控制和测量的复杂性	35, 36, 37, 32	27, 13, 1, 39	11, 22, 39, 30	27, 3, 15, 28	19, 29, 39, 25
38	自动化程度	13, 35	15, 32, 1, 13	18, 1	25, 13	6, 9
39	生产率	10, 37, 14	14, 10, 34, 40	35, 3, 22, 39	29, 28, 10, 18	35, 10, 2, 18

改善参数 ↓ \ 恶化参数 →		静止物体的作用时间	温度	亮度	运动物体的能量消耗	静止物体的能量消耗
		16	17	18	19	20
1	运动物体的重量		6, 29, 4, 38	19, 1, 32	35, 12, 34, 31	
2	静止物体的重量	2, 27, 19, 6	28, 19, 32, 22	19, 32, 35		18, 19, 28, 1
3	运动物体的长度		10, 15, 19	32	8, 35, 24	
4	静止物体的长度	1, 10, 35	3, 35, 38, 18	3, 25		
5	运动物体的面积		2, 15, 16	15, 32, 19, 13	19, 32	
6	静止物体的面积	2, 10, 19, 30	35, 39, 38			
7	运动物体的体积		34, 39, 10, 18	2, 13, 10	35	
8	静止物体的体积	35, 34, 38	35, 6, 4			
9	速度		28, 30, 36, 2	10, 13, 19	8, 15, 35, 38	
10	力		35, 10, 21		19, 17, 10	1, 16, 36, 37
11	应力、压强		35, 39, 19, 2		14, 24, 10, 37	
12	形状		22, 14, 19, 32	13, 15, 32	2, 6, 34, 14	
13	稳定性	39, 3, 35, 23	35, 1, 32	32, 3, 27, 16	13, 19	27, 4, 29, 18
14	强度		30, 10, 40	35, 19	19, 35, 10	35
15	运动物体的作用时间		19, 35, 39	2, 19, 4, 35	28, 6, 35, 18	
16	静止物体的作用时间		19, 18, 36, 40			
17	温度	19, 18, 36, 40		32, 30, 21, 16	19, 15, 3, 17	
18	亮度		32, 35, 19		32, 1, 19	32, 35, 1, 15
19	运动物体的能量消耗		19, 24, 3, 14	2, 15, 19		
20	静止物体的能量消耗			19, 2, 35, 32		
21	功率	16	2, 14, 17, 25	16, 6, 19	16, 6, 19, 37	
22	能量损失		19, 38, 7	1, 13, 32, 15		
23	物质损失	27, 16, 18, 38	21, 36, 39, 31	1, 6, 13	35, 18, 24, 5	28, 27, 12, 31
24	信息损失	10		19		
25	时间损失	28, 20, 10, 16	35, 29, 21, 18	1, 19, 26, 17	35, 38, 19, 18	1
26	物质的量	3, 35, 31	3, 17, 39		34, 29, 16, 18	3, 35, 31
27	可靠性	34, 27, 6, 40	3, 35, 10	11, 32, 13	21, 11, 27, 19	36, 23
28	测量精度	10, 26, 24	6, 19, 28, 24	6, 1, 32	3, 6, 32	
29	制造精度		19, 26	3, 32	32, 2	
30	作用于物体的有害因素	17, 1, 40, 33	22, 33, 35, 2	1, 19, 32, 13	1, 24, 6, 27	10, 2, 22, 37
31	物体产生的有害因素	21, 39, 16, 22	22, 35, 2, 24	19, 24, 39, 32	2, 35, 6	19, 22, 18
32	可制造性	35, 16	27, 26, 18	28, 24, 27, 1	28, 26, 27, 1	1, 4
33	操作流程的方便性	1, 16, 25	26, 27, 13	13, 17, 1, 24	1, 13, 24	
34	可维修性	1	4, 10	15, 1, 13	15, 1, 28, 16	
35	适用性，通用性	2, 16	27, 2, 3, 35	6, 22, 26, 1	19, 35, 29, 13	
36	系统的复杂性		2, 17, 13	24, 17, 13	27, 2, 29, 28	
37	控制和测量的复杂性	25, 34, 6, 35	3, 27, 35, 16	2, 24, 26	35, 38	19, 35, 16
38	自动化程度		26, 2, 19	8, 32, 19	2, 32, 13	
39	生产率	20, 10, 16, 38	35, 21, 28, 10	26, 17, 19, 1	35, 10, 38, 19	1

	恶化参数→ 改善参数↓	功率 21	能量损失 22	物质损失 23	信息损失 24	时间损失 25
1	运动物体的重量	12, 36, 18, 31	6, 2, 34, 19	5, 35, 3, 31	10, 24, 35	10, 35, 20, 28
2	静止物体的重量	15, 19, 18, 22	18, 19, 28, 15	5, 8, 13, 30	10, 15, 35	10, 20, 35, 26
3	运动物体的长度	1, 35	7, 2, 35, 39	4, 29, 23, 10	1, 24	15, 2, 29
4	静止物体的长度	12, 8	6, 28	10, 28, 24, 35	24, 26,	30, 29, 14
5	运动物体的面积	19, 10, 32, 18	15, 17, 30, 26	10, 35, 2, 39	30, 26	26, 4
6	静止物体的面积	17, 32	17, 7, 30	10, 14, 18, 39	30, 16	10, 35, 4, 18
7	运动物体的体积	35, 6, 13, 18	7, 15, 13, 16	36, 39, 34, 10	2, 22	2, 6, 34, 10
8	静止物体的体积	30, 6		10, 39, 35, 34		35, 16, 32 18
9	速度	19, 35, 38, 2	14, 20, 19, 35	10, 13, 28, 38	13, 26	
10	力	19, 35, 18, 37	14, 15	8, 35, 40, 5		10, 37, 36
11	应力、压强	10, 35, 14	2, 36, 25	10, 36, 3, 37		37, 36, 4
12	形状	4, 6, 2	14	35, 29, 3, 5		14, 10, 34, 17
13	稳定性	32, 35, 27, 31	14, 2, 39, 6	2, 14, 30, 40		35, 27
14	强度	10, 26, 35, 28	35	35, 28, 31, 40		29, 3, 28, 10
15	运动物体的作用时间	19, 10, 35, 38		28, 27, 3, 18	10	20, 10, 28, 18
16	静止物体的作用时间	16		27, 16, 18, 38	10	28, 20, 10, 16
17	温度	2, 14, 17, 25	21, 17, 35, 38	21, 36, 29, 31		35, 28, 21, 18
18	照度	32	13, 16, 1, 6	13, 1	1, 6	19, 1, 26, 17
19	运动物体的能量消耗	6, 19, 37, 18	12, 22, 15, 24	35, 24, 18, 5		35, 38, 19,
20	静止物体的能量消耗			28, 27, 18, 31		
21	功率		10, 35, 38	28, 27, 18, 38	10, 19	35, 20, 10, 6
22	能量损失	3, 38		35, 27, 2, 37	19, 10	10, 18, 32, 7
23	物质损失	28, 27, 18, 38	35, 27, 2, 31			15, 18, 35, 10
24	信息损失	10, 19	19, 10			24, 26, 28, 32
25	时间损失	35, 20, 10, 6	10, 5, 18, 32	35, 18, 10, 39	24, 26, 28, 32	
26	物质的量	35	7, 18, 25	6, 3, 10, 24	24, 28, 35	35, 38, 18, 16
27	可靠性	21, 11, 26, 31	10, 11, 35	10, 35, 29, 39	10, 28	10, 30, 4
28	测量精度	3, 6, 32	26, 32, 27	10, 16, 31, 28		24, 34, 28, 32
29	制造精度	32, 2	13, 32, 2	35, 31, 10, 24		32, 26, 28, 18
30	作用于物体的有害因素	19, 22, 31, 2	21, 22, 35, 2	33, 22, 19, 40	22, 10, 2	35, 18, 34
31	物体产生的有害因素	2, 35, 18	21, 35, 2, 22	10, 1, 34	10, 21, 29	1, 22
32	可制造性	27, 1, 12, 24	19, 35	15, 34, 33	32, 24, 18, 16	35, 28, 34, 4
33	操作流程的方便性	35, 34, 2, 10	2, 19, 13	28, 32, 2, 24	4, 10, 27, 22	4, 28, 10, 34
34	可维修性	15, 10, 32, 2	15, 1, 32, 19	2, 35, 34, 27		32, 1, 10, 25
35	适用性，通用性	19, 1, 29	18, 15, 1	15, 10, 2, 13		35, 28
36	系统的复杂性	20, 19, 30, 34	10, 35, 13, 2	35, 10, 28, 29		6, 29
37	控制和测量的复杂性	18, 1, 16, 10	35, 3, 15, 19	1, 18, 10, 24	35, 33, 27, 22	18, 28, 32, 9
38	自动化程度	28, 2, 27	23, 28	35, 10, 18, 5	35, 33	24, 28, 35, 30
39	生产率	35, 20, 10	28, 10, 29, 35	28, 10, 35, 23	13, 15, 23	

改善参数↓ 恶化参数→	物质的量	可靠性	测量精度	制造精度	作用于物体的有害因素
	26	27	28	29	30
1 运动物体的重量	3, 26, 18, 31	1, 3, 11, 27	28, 27, 35, 26	28, 35, 26, 18	22, 21, 18, 27
2 静止物体的重量	19, 6, 18, 26	10, 28, 8, 3	18, 26, 28	10, 1, 35, 17	2, 19, 22, 37
3 运动物体的长度	29, 35	10, 14, 29, 40	28, 32, 4	10, 28, 29, 37	1, 15, 17, 24
4 静止物体的长度		15, 29, 28	32, 28, 3	2, 32, 10	1, 18
5 运动物体的面积	29, 30, 6, 13	29, 9	26, 28, 32, 3	2, 32	22, 33, 28, 1
6 静止物体的面积	2, 18, 40, 4	32, 35, 40, 4	26, 28, 32, 3	2, 29, 18, 36	27, 2, 39, 35
7 运动物体的体积	29, 30, 7	14, 1, 40, 11	25, 26, 28	25, 28, 2, 16	22, 21, 27, 35
8 静止物体的体积	35, 3	2, 35, 16		35, 10, 25	34, 39, 19, 27
9 速度	10, 19, 29, 38	11, 35, 27, 28	28, 32, 1, 24	10, 28, 32, 25	1, 28, 35, 23
10 力	14, 29, 18, 36	3, 35, 13, 21	35, 10, 23, 24	28, 29, 37, 36	1, 35, 40, 18
11 应力、压强	10, 14, 36	10, 13, 19, 35	6, 28, 25	3, 35	22, 2, 37
12 形状	36, 22	10, 40, 16	28, 32, 1	32, 30, 40	22, 1, 2, 35
13 稳定性	15, 32, 35		13	18	35, 24, 30, 18
14 强度	29, 10, 27	11, 3	3, 27, 16	3, 27	18, 35, 37, 1
15 运动物体的作用时间	3, 35, 10, 40	11, 2, 13	3	3, 27, 16, 40	22, 15, 33, 28
16 静止物体的作用时间	3, 35, 31	34, 27, 6, 40	10, 26, 24		17, 1, 40, 33
17 温度	3, 17, 30, 39	19, 35, 3, 10	32, 19, 24	24	22, 33, 35, 2
18 照度	1, 19		11, 15, 32	3, 32	15, 19
19 运动物体的能量消耗	34, 23, 16, 18	19, 21, 11, 27	3, 1, 32		1, 35, 6, 27
20 静止物体的能量消耗	3, 35, 31	10, 36, 23			10, 2, 22, 37
21 功率	4, 34, 19	19, 24, 26, 31	32, 15, 2	32, 2	19, 22, 31, 2
22 能量损失	7, 18, 25	11, 10, 35	32		21, 22, 35, 2
23 物质损失	6, 3, 10, 24	10, 29, 39, 35	16, 34, 31, 28	35, 10, 24, 31	33, 22, 30, 40
24 信息损失	24, 28, 35	10, 28, 23			22, 10, 1
25 时间损失	35, 38, 18, 16	10, 30, 4	24, 34, 28, 32	24, 26, 28, 18	35, 18, 34
26 物质的量		18, 3, 28, 40	13, 2, 28	33, 30	35, 33, 29, 31
27 可靠性	21, 28, 40, 3		32, 3, 11, 23	11, 32, 1	27, 35, 2, 40
28 测量精度	2, 6, 32	5, 11, 1, 23			28, 24, 22, 26
29 制造精度	32, 30	11, 32, 1			26, 28, 10, 36
30 作用于物体的有害因素	35, 33, 29, 31	27, 24, 2, 40	28, 33, 23, 26	26, 28, 10, 18	
31 物体产生的有害因素	3, 24, 39, 1	24, 2, 40, 39	3, 33, 26	4, 17, 34, 26	
32 可制造性	35, 23, 1, 24		1, 35, 12, 18		24, 2
33 操作流程的方便性	12, 35	17, 27, 8, 40	25, 13, 2, 34	1, 32, 35, 23	2, 25, 28, 39
34 可维修性	2, 28, 10, 25	11, 10, 1, 16	10, 2, 13	25, 10	35, 10, 2, 16
35 适用性，通用性	3, 35, 15	35, 13, 8, 24	35, 5, 1, 10		35, 11, 32, 31
36 系统的复杂性	13, 3, 27, 10	13, 35, 1	2, 26, 10, 34	26, 24, 32	22, 19, 29, 40
37 控制和测量的复杂性	3, 27, 29, 18	27, 40, 28, 8	26, 24, 32, 28		22, 19, 29, 28
38 自动化程度	35, 13	11, 27, 32	28, 26, 10, 34	28, 26, 18, 23	2, 33
39 生产率	35, 38	1, 35, 10, 38	1, 10, 34, 28	18, 10, 32, 1	22, 35, 13, 24

改善参数 ↓ \ 恶化参数 →	物体产生的有害因素 31	可制造性 32	操作流程的方便性 33	可维修性 34	适用性，通用性 35
1 运动物体的重量	22, 35, 31, 39	27, 28, 1, 36	35, 3, 2, 24	2, 27, 28, 11	29, 5, 15, 8
2 静止物体的重量	35, 22, 1, 39	28, 1, 9	6, 13, 1, 32	2, 27, 28, 11	19, 15, 29
3 运动物体的长度	17, 15	1, 29, 17	15, 29, 35, 4	1, 28, 10	14, 15, 1, 16
4 静止物体的长度		15, 17, 27	2, 25	3	1, 35
5 运动物体的面积	17, 2, 18, 39	13, 1, 26, 24	15, 17, 13, 16	15, 13, 10, 1	15, 30
6 静止物体的面积	22, 1, 40	40, 16	16, 4	16	15, 16
7 运动物体的体积	17, 2, 40, 1	29, 1, 40	15, 13, 30, 12	10	15, 29
8 静止物体的体积	30, 18, 35, 4	35		1	
9 速度	2, 24, 35, 21	35, 13, 8, 1	32, 28, 13, 12	34, 2, 28, 27	15, 10, 26
10 力	13, 3, 36, 24	15, 37, 18, 1	1, 28, 3, 25	15, 1, 11	15, 17, 18, 20
11 应力、压强	2, 33, 27, 18	1, 35, 16	11	2	35
12 形状	35, 1	1, 32, 17, 28	32, 15, 26	2, 13, 1	1, 15, 29
13 稳定性	35, 40, 27, 39	35, 19	32, 35, 30	2, 35, 10, 16	35, 30, 34, 2
14 强度	15, 35, 22, 2	11, 3, 10, 32	32, 40, 25, 2	27, 11, 3	15, 3, 32
15 运动物体的作用时间	21, 39, 16, 22	27, 1, 4	12, 27	29, 10, 27	1, 35, 13
16 静止物体的作用时间	22	35, 10	1	1	2
17 温度	22, 35, 2, 24	26, 27	26, 27	4, 10, 16	2, 18, 27
18 照度	35, 19, 32, 39	19, 35, 28, 26	28, 26, 19	15, 17, 13, 16	15, 1, 19
19 运动物体的能量消耗	2, 35, 6	28, 26, 30	19, 35	1, 15, 17, 28	15, 17, 13, 16
20 静止物体的能量消耗	19, 22, 18	1, 4			
21 功率	2, 35, 18	26, 10, 34	26, 35, 10	35, 2, 10, 34	19, 17, 34
22 能量损失	21, 35, 2, 22		35, 32, 1	2, 19	
23 物质损失	10, 1, 34, 29	15, 34, 33	32, 28, 2, 24	2, 35, 34, 27	15, 10, 2
24 信息损失	10, 21, 22	32	27, 22		
25 时间损失	35, 22, 18, 39	35, 28, 34, 4	4, 28, 10, 34	32, 1, 10	35, 28
26 物质的量	3, 35, 40, 39	29, 1, 35, 27	35, 29, 25, 10	2, 32, 10, 25	15, 3, 29
27 可靠性	35, 2, 40, 26		27, 17, 40	1, 11	13, 35, 8, 24
28 测量精度	3, 33, 39, 10	6, 35, 25, 18	1, 13, 17, 34	1, 32, 13, 11	13, 35, 2
29 制造精度	4, 17, 34, 26		1, 32, 35, 23	25, 10	
30 作用于物体的有害因素		24, 35, 2	2, 25, 28, 39	35, 10, 2	35, 11, 22, 31
31 物体产生的有害因素					
32 可制造性			2, 5, 13, 16	35, 1, 11, 9	2, 13, 15
33 操作流程的方便性		2, 5, 12		12, 26, 1, 32	15, 34, 1, 16
34 可维修性		1, 35, 11, 10	1, 12, 26, 15		7, 1, 4, 16
35 适用性，通用性		1, 13, 31	15, 34, 1, 16	1, 16, 7, 4	
36 系统的复杂性	19, 1	27, 26, 1, 13	27, 9, 26, 24	1, 13	29, 15, 28, 37
37 控制和测量的复杂性	2, 21	5, 28, 11, 29	2, 5	12, 26	1, 15
38 自动化程度	2	1, 26, 13	1, 12, 34, 3	1, 35, 13	27, 4, 1, 35
39 生产率	35, 22, 18, 39	35, 28, 2, 24	1, 28, 7, 10	1, 32, 10, 25	1, 35, 28, 37

（续表）

改善参数 ↓ \ 恶化参数 →	系统的复杂性	控制和测量的复杂性	自动化程度	生产率
	36	37	38	39
1 运动物体的重量	26, 30, 36, 34	28, 29, 26, 32	26, 35 18, 19	35, 3, 24, 37
2 静止物体的重量	1, 10, 26, 39	25, 28, 17, 15	2, 26, 35	1, 28, 15, 35
3 运动物体的长度	1, 19, 26, 24	35, 1, 26, 24	17, 24, 26, 16	14, 4, 28, 29
4 静止物体的长度	1, 26	26		30, 14, 7, 26
5 运动物体的面积	14, 1, 13	2, 36, 26, 18	14, 30, 28, 23	10, 26, 34, 2
6 静止物体的面积	1, 18, 36	2, 35, 30, 18	23	10, 15, 17, 7
7 运动物体的体积	26, 1	29, 26, 4	35, 34, 16, 24	10, 6, 2, 34
8 静止物体的体积	1, 31	2, 17, 26		35, 37, 10, 2
9 速度	10, 28, 4, 34	3, 34, 27, 16	10, 18	
10 力	26, 35, 10, 18	36, 37, 10, 19	2, 35	3, 28, 35, 37
11 应力、压强	19, 1, 35	2, 36, 37	35, 24	10, 14, 35, 37
12 形状	16, 29, 1, 28	15, 13, 39	15, 1, 32	17, 26, 34, 10
13 稳定性	2, 35, 22, 26	35, 22, 39, 23	1, 8, 35	23, 35, 40, 3
14 强度	2, 13, 25, 28	27, 3, 15, 40	15	29, 35, 10, 14
15 运动物体的作用时间	10, 4, 29, 15	19, 29, 39, 35	6, 10	35, 17, 14, 19
16 静止物体的作用时间		25, 34, 6, 35	1	20, 10, 16, 38
17 温度	2, 17, 16	3, 27, 35, 31	26, 2, 19, 16	15, 28, 35
18 照度	6, 32, 13	32, 15	2, 26, 10	2, 25, 16
19 运动物体的能量消耗	2, 29, 27, 28	35, 38	32, 2	12, 28, 35
20 静止物体的能量消耗		19, 35, 16, 25		1, 6
21 功率	20, 19, 30, 34	19, 35, 16	28, 2, 17	28, 35, 34
22 能量损失	7, 23	35, 3, 15, 23	2	28, 10, 29, 35
23 物质损失	35, 10, 28, 24	35, 18, 10, 13	35, 10, 18	28, 35, 10, 23
24 信息损失		35, 33	35	13, 23, 15
25 时间损失	6, 29	18, 28, 32, 10	24, 28, 35, 30	
26 物质的量	3, 13, 27, 10	3, 27, 29, 18	8, 35	13, 29, 3, 27
27 可靠性	13, 35, 1	27, 40, 28	11, 13, 27	1, 35, 29, 38
28 测量精度	27, 35, 10, 34	26, 24, 32, 28	28, 2, 10, 34	10, 34, 28, 32
29 制造精度	26, 2, 18		26, 28, 18, 23	10, 18, 32, 39
30 作用于物体的有害因素	22, 19, 29, 40	22, 19, 29, 40	33, 3, 34	22, 35, 13, 24
31 物体产生的有害因素	19, 1, 31	2, 21, 27, 1	2	22, 35, 18, 39
32 可制造性	27, 26, 1	6, 28, 11, 1	8, 28, 1	35, 1, 10, 28
33 操作流程的方便性	32, 26, 12, 17		1, 34, 12, 3	15, 1, 28
34 可维修性	35, 1, 13, 11		34, 35, 7, 13	1, 32, 10
35 适用性，通用性	15, 29, 37, 28	1	27, 34, 35	35, 28, 6, 37
36 系统的复杂性		15, 10, 37, 28	15, 1, 24	12, 17, 28
37 控制和测量的复杂性	15, 10, 37, 28		34, 21	35, 18
38 自动化程度	15, 24, 10	34, 27, 25		5, 12, 35, 26
39 生产率	12, 17, 28, 24	35, 18, 27, 2	5, 12, 35, 26	

附表 2　TRIZ 效应库

功能代码	实现的功能	TRIZ 中推荐的科学效应	科学效应对应符号
F1	测量温度	热膨胀	G75
		热双金属片	G76
		帕尔贴效应	G67
		汤姆孙效应	G80
		热电效应	G71
		热电子发射	G72
		热辐射	G73
		电阻	G33
		热敏性物质	G74
		热磁效应（居里点）	G60
		巴克豪森效应	G3
		霍普金森效应	G55
F2	降低温度	一级相变	G94
		二级相变	G36
		焦耳 - 汤姆孙效应	G58
		帕尔贴效应	G67
		汤姆孙效应	G80
		热电现象	G71
		热电子发射	G72
F3	提高温度	热磁感应	G24
		电介质	G26
		焦耳楞次定律	G57
		放电	G42
		电弧	G25
		吸收	G84
		发射聚焦	G39
		热辐射	G73
		帕尔贴效应	G67
		热电子发射	G72
		汤姆孙效应	G80
		热电现象	G71
F4	稳定温度	一级相变	G94
		二级相变	G36
		热磁效应（居里点）	G60

（续表）

功能代码	实现的功能	TRIZ 中推荐的科学效应		科学效应对应符号
F5	探测物体的位移和运动	引人易探测的标识	标记物	G6
			发光	G37
			发光体	G38
			磁性材料	G16
			永久磁铁	G95
		反射和反射线	反射	G41
			发光体	G38
			感光材料	G45
			光谱	G50
			放射现象	G43
		形变	弹性变形	G85
			塑性变形	G78
		改变电场和磁场	电场	G22
			磁场	G13
		放电	电晕放电	G31
			电弧	G25
			火花放电	G53
F6	控制物体位移	磁力		G15
		电子力	安培力	G2
			洛伦兹力	G64
		压强	液体或气体的压力	G91
			液体和气体的压强	G93
		浮力		G44
		液体动力		G92
		振动		G98
		惯性力		G49
		热膨张		G75
		热双金属片		G76
F7	控制液体及气体的运动	毛细现象		G65
		渗透		G77
		电泳现象		G30
		Thoms 效应		G79
		伯努利定律		G10
		惯性力		G49
		韦森堡效应		G81
F8	控制浮质的流动	起电		G68
		电场		G22
		磁场		G13

（续表）

功能代码	实现的功能	TRIZ 中推荐的科学效应		科学效应对应符号
F9	搅拌混合物，形成溶液	弹性波		G19
		共振		G47
		驻波		G99
		振动		G95
		气穴现象		G69
		扩散		G62
		电场		G22
		磁场		G13
		电泳现象		G30
F10	分解混合物	在电场或磁场中分离	电场	G22
			磁场	G13
			磁性液体	G17
			惯性力	G49
			吸附作用	G83
			扩散	G62
			渗透	G77
			电泳现象	G30
F11	稳定物体位置	电场		G22
		磁场		G13
		磁性液体		G17
F12	产生控制力，形成高的压力	磁力		G15
		一级相变		G94
		二级相变		G36
		热膨胀		G75
		惯性力		G49
		磁性液休		G17
		爆炸		G5
		电液压冲压，电水压振扰		G29
		渗透		G77
F13	控制摩擦力	约翰逊 - 拉别克效应		G96
		振动		G98
		低摩阻		G21
		金属覆层润滑剂		G59
F14	解体物体	放电	火花放电	G53
			电晕放电	G31

（续表）

功能代码	实现的功能	TRIZ 中推荐的科学效应		科学效应对应符号
F14	解体物体	放电	电弧	G25
		电液压冲压，电水压振扰		G29
		弹性波		G19
		共振		G47
		驻波		G99
		振动		G98
		气穴现象		G69
F15	积蓄机械能与热能	弹性变形		G85
		惯性力		G49
		一级相变		G94
		二级相变		G36
F16	传递能量	对于机械能	形变	G85
			弹性波	G19
			共振	G47
			驻波	G99
			振动	G95
			爆炸	G5
			电液压冲压，电水压振扰	G29
		对于热能	热电子发射	G72
			对流	G34
			热传导	G70
		对于辐射	反射	G41
		对于电能	电磁感应	G24
			超导性	G12
F17	建立移动物体和固定物体之间的交互作用	电磁场		G23
		电磁感应		G24
F18	测量物体的尺寸	标记	起电	G68
			发光	G37
			发光体	G38
		磁性材料		G16
		永久磁铁		G95
		共振		G47
F19	改变物体尺寸	热膨胀		G75
		形状记忆合金		G87
		形变		G85
		压电效应		G89
		磁弹性		G14
		压磁效应		G88

（续表）

功能代码	实现的功能	TRIZ 中推荐的科学效应		科学效应对应符号
F20	检查表面状态和性质	放电	电晕放电	G31
			电弧	G25
			火花放电	G53
		反射		G41
		发光体		G38
		感光材料		G45
		光谱		G50
		放射现象		G43
F21	改变表面性质	摩擦力 G66		G66
		吸附作用		G83
		扩散		G62
		包辛格效应		G4
		放电	电晕放电 G31	
			电弧	G25
			火花放电	G53
		弹性波		G19
		共振		G47
		驻波		G99
		振动		G98
		光谱		G50
F22	检查物体容量的状态和特征	引人容易探测的标志	标记物	G6
			发光	G37
			发光体	G38
			磁性材料	G16
			永久磁铁	G95
		测量电阻值	电阻	G33
		反射和放射线	反射	G41
			折射	G97
			发光体	G38
			感光材料	G45
			光谱	G50
			放射现象	G43
			X 射线	G1
		电 - 磁 - 光现象	电 - 光和磁 - 光现象	G27
			固体（的场致、电致）发光	G48
			热磁效应（居里点）	G60
			巴克豪森效应	G3
			霍普金森效应	G55

功能代码	实现的功能	TRIZ 中推荐的科学效应	科学效应对应符号
		共振	G47
		霍尔效应	G54
F23	改变物体空间性质	磁性液体	G17
		磁性材料	G16
		永久磁铁	G95
		冷却	G63
		加热	G56
		一级相变	G94
		二级相变	G36
		电离	G28
		光谱	G50
		放射现象	G43
		X 射线	G1
		形变	G85
		扩散	G62
		电场	G22
		磁场	G13
		帕尔贴效应	G67
		热电现象	G71
		包辛格效应	G4
		汤姆孙效应	G80
		热电子发射	G72
		热磁效应（居里点）	G60
		固体（的场致、电致）发光	G48
		电 - 光和磁 - 光现象	G27
		气穴现象	G69
		光生伏打效应	G51
F24	形成要求的结构，稳定物体结构	弹性波	G19
		共振	G47
		驻波	G99
		振动	G98
		磁场	G13
		一级相变	G94
		二级相变	G36
		气穴现象	G69

（续表）

功能代码	实现的功能	TRIZ 中推荐的科学效应		科学效应对应符号
F25	探测电场和磁场	渗透		G77
		带电放电	电晕	G31
			电弧	G25
			火花放电	G53
		压电效应		G89
		磁弹性		G14
		压磁效应		G88
		驻极体、电介体		G100
		固体（的场致、电致）发光		G48
		电 - 光和磁 - 光现象		G27
		巴克豪森效应		G3
		霍普金森效应		G55
		霍尔效应		G54
F26	探测辐射	热膨胀		G75
		热双金属片		G76
		发光体		G38
		感光材料		G45
		光谱		G50
		放射现象		G43
		反射		G41
		光生伏打效应		G51
F27	产生辐射	放电	电晕	G31
			电弧	G25
			火花放电	G53
		发光		G37
		发光体		G38
		固体（的场致、电致）发光		G48
		电 - 光和磁 - 光现象		G27
		耿氏效应		G46
F28	控制电磁场	电阻		G33
		磁性材料		G16
		反射		G41
		形状		G86
		表面		G7
		表面粗糙度		G8

功能代码	实现的功能	TRIZ 中推荐的科学效应	科学效应对应符号
F29	控制光	反射	G41
		折射	G97
		吸收	G84
		发射焦距	G39
		固体（的场致、电致）发光	G48
		电 - 光和磁 - 光现象	G27
		法拉第效应	G40
		克尔效应	G61
		耿氏效应	G46
F30	产生及加强化学变化	弹性波	G19
		共振	G47
		驻波	G99
		振动	G98
		气穴现象	G69
		光谱	G50
		放射现象	G43
		X 射线	G1
		放电	G42
		电晕放电	G31
		火花放电	G53
		爆炸	G5
		电液压冲压、电水压振扰	G29

附彩图页

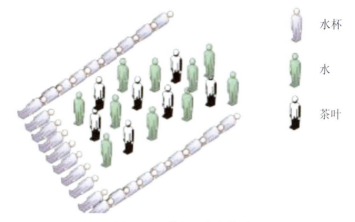

图 3-4　喝茶问题小人模型

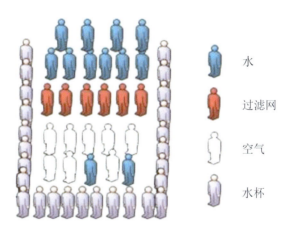

图 3-6　倒水问题小人模型

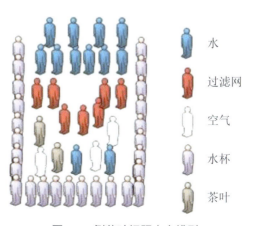

图 3-8　倒茶叶问题小人模型